J. C Gotthard

Das Ganze der Federviehzucht

J. C Gotthard

Das Ganze der Federviehzucht

ISBN/EAN: 9783741167645

Hergestellt in Europa, USA, Kanada, Australien, Japan

Cover: Foto ©berggeist007 / pixelio.de

Manufactured and distributed by brebook publishing software
(www.brebook.com)

J. C Gotthard

Das Ganze der Federviehzucht

Das Ganze

der

Federviehzucht

oder

vollständiger Unterricht

in der

Wartung, Pflege und Behandlung

des mannichfaltigen ökonomischen Federviehes,
seiner verschiedenen Benutzung, Kenntniß
und Heilung seiner Krankheiten

von

Dr. Joh. Christian Gotthard,

der Privat- und Staatsökonomie auf der Kurf. Universität zu
Erfurt Professor, der Commerziendeputation daselbst Assessor,
der Kurf. Mainzischen Akademie nützlicher Wissenschaften, der
Kurf. Sächsischen ökonomischen Societät zu Leipzig, der Königl.
Preußischen Märkischen ökonomischen Gesellschaft zu Potsdam,
der naturforschenden Gesellschaft zu Halle, der Königl. und Kurf.
Braunschweigischen Landwirthschaftsgesellschaft zu Celle, der
Oberlausitzer Bienengesellschaft zu Muskau, und der Fürstl.
Sächs. Gothaischen Societät der Forst- und Jagdkunde
zu Waltershausen Mitglied.

Erfurt,

bei Beyer und Maring

1798.

Vorrede.

Der Beifall, mit welchem unser deut=
sches ökonomisches Publikum meine bis=
herigen Schriften aufnahm, und die gün=
stigen Recensionen derselben in unsern kri=
tischen Blättern, stimmten mich zur Her=
ausgabe des gegenwärtigen Werkchens.
Ich wünsche, daß es eben so, wie die vo=
rigen aufgenommen werden möge. Mich
hier weitläufig über den Inhalt zu erklä=
ren, halte ich um so weniger für nothwen=

dig,

dig, als der Leser sich gleich beim ersten Ueberblicke der Inhaltsanzeige, mit dem, was er zu erwarten hat, bekannt machen wird.

Erfurt,
zur Leipziger Jubilatemesse
1798.

Gotthard.

Jn-

Inhalt.
Das Ganze der Federviehzucht.

Einleitung.

Erster Abschnitt.

Die Cultur der ökonomischen Landvögel,
    und zwar:

Das Erste Kapitel.

Das zweite Kapitel.

a) Hier

Inhalt.

Inhalt

* 4   Die

Inhalt

Inhalt.

Inhalt

Be

Inhalt.

Inhalt.

Wie

Inhalt

Vom

Inhalt

Feinde

Inhalt.

Inhalt.

Err

Das Ganze der Federviehzucht.

Einleitung.

§. 1.

Das ökonomische Flügelwerk oder Federvieh theilt sich selbst nach dem Fingerzeige der Natur in verschiedene Arten. Einige derselben leben bloß auf dem Lande, andere hingegen auf dem Lande und im Wasser zugleich. Erstere nennen wir daher ökonomische Landvögel, letztere hingegen ökonomische Wasservögel.

Zu den ökonomischen Landvögeln zählen wir:

   I) die Trut- oder Wälschenhühner,

   II) die gemeinen Hof- oder Haus-hühner, und

   III) die Tauben.

A   Zu

2

Zu den ökonomischen Wasservögeln:

A) die Gänse und

B) die Enten.

Wir nennen diese Thiere ökonomisches Flügelwerk, ökonomisches Federvieh, oder auch ökonomische und landwirthschaftliche Vögel, weil sich bekanntlich der Oekonom und Landwirth mit ihrer Wartung und Pflege zu beschäftigen pflegt, dahingegen das übrige Flügelwerk, welches eigentlich Gegenstand der Jagd und des Vogelfanges ist, blos unter dem Schutze der guten Mutter Natur lebt, und seine Nahrung auf mannichfaltige Art selbst suchen muß.

Wir könnten freilich auch den stolzen Pfau, der ebenfalls unter hausväterlicher Obsorge stehet, und sein Futter aus den Händen seines pflegenden Herrn erhält, unter das landwirthschaftliche Flügelwerk zählen; allein da dieser zwar schöne und gefällige, sonst aber ganz unnütze Vogel blos zum Vergnügen dient, so wollen wir seine Cultur hier übergehen, und nur jenes Flügelwerk betrachten, welches doch wenigstens einigen Nutzen bringt.

§. 2.

3

§. 2.

Die Benutzung des ökonomischen Flügelwerks oder des Federviehes ist mannichfaltig; denn es liefert uns zum Theil seine Eier, sein Fleisch, seine Federn, und seine Excremente, die dann sämmtlich wieder auf verschiedene Art benutzet und verwendet werden können. Ob aber diese Benutzung, von welcher wir hier weitläufig zu handeln noch nicht nöthig erachten, die Aufwandsumme und die zu berechnende Mühe, die man auf die Wartung und Pflege der Thiere verwendet, überwiege, ist eine Sache, worüber man bis jetzt noch nicht ganz hat einig werden können. Bald hat man zu viel, bald aber zu wenig von einer oder der andern Seite in Anschlag gebracht. Es kömmt hier wohl darauf an, wie man sie nach den vorliegenden örtlichen und ökonomischen Verhältnissen nehmen muß.

Wenn man freilich das Federvieh Jahr ein Jahr aus aus dem Sacke füttern muß, so dürfte wohl, das Vergnügen, welches hier die Liebhaberei genießt, abgerechnet, nicht viel Lohnendes zu erwarten seyn; da möchten wohl die Federn zu den Betten, die Eier, die jungen Hähner und Kapaunen sehr hoch zu stehen kommen—sehr kostbar seyn. Wenn man aber wirklich Landwirthschaft treibt, wenn man mit allem dazugehörigen versehen ist,

A 2　und

4

und überdies auch wohl noch in der Nähe großer
volkreicher Städte wohnt, da läßt sich die Sache
ganz anders betrachten. Da gehen die Truthühner
und Gänse im Sommer auf die Weide, die Enten
besuchen die nahe liegenden Bäche und Pfützen,
die Hühner scharren im Miste, suchen die verloren
gegangenen Körner, Inselten und Gewürmen, und
die Tauben — nemlich die Feldflüchter — fliegen
ohnehin zu Felde, und holen sich da, — freilich
auf gemeinschaftliche Kosten — ihre Nahrung, und
dann bürgt die nahe liegende volkreiche Stadt für
den Absatz. Ueberhaupt aber muß ich offenherzig
gestehen, daß ich unmöglich der Cultur des Federviehes eine große Lobrede halten kann. Das seye
übrigens aber auch wie ihm wolle: die Thiere find
nun einmal da, und müssen auch bei einer wohl-
eingerichteten Landwirthschaft in manchem Betrachte
da seyn, und sollte man ihre Cultur auch wirklich
ein nothwendiges Uebel nennen müssen. Federn
und Eier find einmal zu unentbehrlich geworden,
als daß man die Thiere, welche uns solche liefern,
vernachläßigen, oder gar vertilgen sollte.

Schriften, die über gegenwärtige Einleitung,
so wie über die noch folgenden Kapitel mit Nutzen
nachgelesen werden können, sind folgende:

1) Joh.

1) Johann Gottlieb von Eckards Experimen-
tal-Oekonomie über das animalische, vege-
tabilische und mineralische Reich, oder An-
leitung zur Haushaltungskunst, verändert,
mit Anmerkungen und Kupfern begleitet,
von Laurenz Johann Daniel Succow, Jena
1778. In diesem ewig klassischen Werke, das
nur einige Ausmusterung verdient, findet man
im 8ten Kapitel des dritten Theiles von der
303ten bis 357ten Seite eine ganz artige Abhandlung vom Federvieh, so wie von den Mastungs-
anstalten nemlich von der Poularderie. —

2) Dr. Joh. Georg Krünitz ökonomisch-tech-
nologische Encyclopädie, oder allgemeines
System der Staats-Stadt-Haus- und Landwirthschaft ꝛc. Hier wird man unter den hierher gehörigen Rubriken viel Zweckmäßiges und
vorzüglich im 26ten Theile unter dem Artikel
Huhn eine sehr weitläufige und schöne Abhandlung von der Cultur dieses Thieres, so wie
einige Bemerkungen über die Vortheile desselben
finden.

3) Des Herrn Buchoz ökonomisch-physikalische
Abhandlung vom Federvieh, welches zum
Vergnügen in Vorhöfen und Vorwerken

6

pflegt gehalten zu werden. Als ein Unterricht, dieses Geflügel zu erziehen, zu erhalten, zu vermehren, zu füttern und in der
Hauswirthschaft zu benutzen. Aus dem
Französischen übersezt von J. W. Consbruch.
Als ein Supplement zu Büffons Naturgeschichte. Münster 1777.

4) Johann Riems monatlich praktisch-ökonomische Encyclopädie. Leipzig 1789. 3 Bände.
So wie man in diesem jedem Oekonomen nicht
genug zu empfehlenden Werke, wovon der erste
Theil bereits zum zweitenmal aufgelegt worden,
bei jedem Monate das Nöthige der Haus- und
Landwirthschaft findet, so ist dieses auch der Fall
mit der Federviehzucht. Vorzüglich liefert uns
der dritte Band auf der 121sten und folgenden
Seite einige schöne hingeworfene Gedanken über
den Nutzen der Federviehzucht.

5) Bechsteins gemeinnützige Naturgeschichte
Deutschlands. Vier Bände mit Kupfern.
In diesem ganz vortrefflichen Werke findet man
nicht nur die Naturgeschichte des sämmtlichen
Flügelwerks, sondern auch die ökonomische War-
tung, Pflege und Benutzung desselben.

6) Das

6) Ladislaus Reschaeblen von Stoixner; praktisch-ökonomische Abhandlungen von der Viehzucht und dem Federvieh, 2 Theile. Nürnberg 1788. Im zweiten Theile wird blos von der Cultur des Federviehes gehandelt.

7) Unterricht für Hausmütter, welche die Zucht und Wartung des Federviehes und der Ziegen auf eine vortheilhafte Art einrichten, und die Krankheiten dieser Thiere heilen wollen, nebst einer Abhandlung von den Krankheiten der Bienen und einem Bienenkalender. Magdeburg 1795.

8) Oekonomische Hefte für Stadt- und Landwirthschaft. Leipzig. Im dritten Hefte des 8ten Bandes dieser Zeitschrift vom Jahre 1797, deren Herausgabe dermalen der Herr Magister Hofmann in Leipzig besorgt, findet man auf der 202ten Seite unter der Rubrik: Ueber die Benutzung des Federviehes bei Landgütern, eine sehr artige Abhandlung von der Cultur des Federviehes. Wenn die in diesem Hefte angefangene Abhandlung, welche sich bis jetzt blos mit der Cultur der Haushühner beschäftigte, in den folgenden Heften ausgeführt wird, so glaube ich, wird sie eine der vorzüglichsten werden

A 4   den

ben, die über biefen Gegenftand heraus gekommen finb.

Ich habe biefe Schriften bedwegen hier anges
führt, um mich in ber Folge blos darauf beziehen
zu können, bie übrigen, welche von einem ober
dem andern Zweige der Federviebzucht handeln,
werden wir noch im Verlaufe unſers Vortrags
kennen lernen.

Er-

Erſter Abſchnitt.

Die Cultur der ökonomiſchen Landvögel,

und zwar:

Das Erſte Kapitel.

1) Die Cultur der Trut- oder Wälſchenhühner.

§. 1.

Nach der in der Einleitung vorgelegten Abthei-
lung des ökonomiſchen Flügelwerks oder Federviehes, nahmen die Trut- oder Wälſchenhühner den
erſten Plaz ein, und das iſt auch die Urſach, warum wir hier zuerſt von der Cultur dieſer Thiere
handeln.

Unſere Alten hielten die Truthühner, die
auch calikutiſche Hühner, türkiſche Hühner, indianiſche Hühner, Kutſchhühner,
Pipbühner, Puten, Schruten, Kurren

A. 5   und

und **Kühnen** genennet werden für aſiatiſche Vö,
gel, und vorzüglich das auf der malabariſchen Küſte
liegende Königreich Calikut, nicht aber eine Inſel
Calicut, wie Ehriſt und Stoixner meynen, für ihr
eigentliches wahres Vaterland; allein aus den
zahlreichen Zeichniſſen von Geſchichts ꞏ und Reiſe-
beſchreibern erhellet nunmehro ganz klar, daß ſie
ein Produkt und Geſchenk der neuen Welt, nem;
lich Amerika's ſind; denn es iſt bekannt, daß ſie
noch jezt in dieſem Welttheile in der Wildniß leben,
ſo, daß man ſie auf den antiliſchen Inſeln, in New;
Engelland, Mexiko, Jamaica und Braſilien ꞏ in
ganzen Haufen antrift. Eben ſo bekannt iſt es
auch, daß man ſie vor Entdeckung von Amerika
in Europa nicht gekannt hat, und daß ſie folglich
erſt nachher aus dieſem Welttheile nach Europa
und vermuthlich wohl zuerſt nach Frankreich, nach
Spanien und England verſetzet worden. Man er;
zählt ſich, daß der erſte Truthahn 1570 auf der
Hochzeittafel Karls des 9ten Königs von Frankreich ſey geſpeiſet worden.

Wer mehr über das Vaterland der Truthüh;
ner, und die Einführung derſelben in Europa leſen
will, der nehme das zweite Stück des drit;
ten Bandes von Beckmanns Beiträgen
zur Geſchichte der Erfindungen. Leipzig
1792.

1792. zur Hand, wo er von der 238sten bis 269ten Seite die besten Nachrichten aus den ausgesuchtesten Quellen zu seiner Befriedigung finden wird.

§. 2.

Wir betrachten hier sowohl den Hahn als die Henne dieses Flügelwerkes. Der Hahn ist größer als die Henne, von der er sich auf mannichfaltige Art unterscheidet. Sein Kopf und der zunächst an diesem sitzende Theil des Halses ist nakt, und blos mit einer Haut bedeckt, auf welcher man ganz kurze Federklchen, die mit fleischigten theils weißen, theils hell- theils rosenrothen, theils auch ins bläulichte spielenden Warzen bekleidet sind, bemerken kann. Unten am Halse, da wo die Brust anfängt, hängen hochrothe, beinahe perlenförmige Drüsen. Oben auf dem Schnabel sitzt ein rother fleischichter Zipfel, den man an einigen Orten die Rotznase nennt. Diesen kann das Thier nach Willkühr zusammenziehen und ausdehnen, so daß er ganz an der Seite des Schnabels, den er ohnehin so ziemlich bedeckt, herunter hängt. Mitten vor der Brust bemerkt man einen kleinen etwa Daumens langen und Daumens dicken Busch, der ganz einem Büschchen Pferdehaaren ähnlich siehet. Die Rücken- und Flügelfedern sind gleichsam vier- eckicht geschnitten. Den Schwanz, der aus achtzehn

zehn Federn zusammengesetzt ist, kann das Thier willkührlich in grader Richtung erheben, und ihn wie ein halbes Rad oder einen Sonnenfächer aus einander thun.

§. 3.

Die Truthenne ist viel kleiner als der Hahn, sie hat eben das drüßichte Fleisch, womit ihr Kopf und Hals bedeckt ist, eben den Zipfel auf dem Schnabel, nur ist dieser weit kürzer, und läßt sich bei weitem nicht so verlängern, wie jener des Hahnes, so wie dann auch die nackten oder blosliegenden Fleischtheile des Kopfes und des Halses von einem weit bläßerem Roth, als beim Hahne sind. Sie hat keine Sporn an den Füßen, kein Haarbüschchen vor der Brust, noch kann sie mit ihrem Schwanze einen Fächer bilden, oder ein Rad, wie der Hahn machen. Ihr Ton ist ein bloses un- angenehmes Gepiepe verbunden mit einem klagen- den Gereute. Ueberhaupt spielen beide Geschlech- ter eine dumme Figur, sind außerordentlich furcht- sam, und laufen vor Gegenständen, die sie beim geringsten Widerstande entfernen könnten; nur zur Zeit der Liebe und beim gereizten Zorn legt der Hahn sein einfältiges und Furcht verrathendes Aeußere ab; er bläßt seinen Hals und Kopf auf; alle seine blosliegenden Theile am Halse bekommen

ein

ein sehr lebhaftes Roth, und jene am Kopfe fär-
ben sich blau; der Zipfel auf dem Schnabel dehnet
sich aus, bedeckt den ganzen Schnabel; die Rücken-
federn sträuben sich, die Flügel senken sich mit
einer zitternden Bewegung nach der Erde, der
Schwanz richtet sich auf, und bildet ein sich hin
und her bewegendes Rad, oder einen ganz aufge-
machten Fächer. Das Thier gehet ganz stolz und
gravitätisch um sein Weib herum; macht ein langes Gemurmele, und unterbricht dieses durch ein
starkes allgemein bekanntes Gekollere, das es dann
um so öfterer wiederholt, als es durch äußere Gegenstände, z. B. durchs Pfeifen, durch rothe oder
bläuliche Gewänder gereizet wird; so wie dann
auch die Henne als ihre Junge führende Mutter
im Fall der Noth einen gewissen Grad von Herz-
haftigkeit und Muth zeigt, der aber vermuthlich
blos eine Folge von mütterlicher Liebe und Sorgfalt ist.

Die Farbe der Truthühner von beiderlei Geschlecht, ist sehr verschieden. Man hat schwarze,
graue und bunte. Unter diesen sollen nun nach
den Bemerkungen des Hrn. von Bomare, die
grauen die dauerhaftesten seyn; die weißen aber,
wie dies der Fall bei mehrern Thiergattungen ist,
das beste und schmackhafteste Fleisch liefern. Wenn
man

14

man die Schwarzen und zwar vorzüglich die
schwarzen Hähne etwas genau betrachtet, so be»
merket man auf ihren Federn einen dunkelgrünen
Schimmer, der sich, so wie sich das Thier in der
Sonne wendet, bald mehr bald weniger zeigt.

§. 4.

Nachdem wir nun beide Geschlechter der Trut»
ten haben kennen gelernt, so wollen wir auch ihre
Vermehrung, Wartung und Pflege betrachten.

. Der Truthahn, der eigentlich in der Vielwei»
berei lebt, kann 8 bis 10 Hühnern ganz gemäch»
lich vorstehen, jedoch den Endzweck seiner Bestim»
mung nur zwei Jahre ganz vollkommen erreichen;
denn die ihm eigenen natürlichen krampfartigen
Zufälle schwächen ihn zu sehr, und er martert die
Hühner mit seinem ohnmächtigen und von zureichen»
den Kräften nicht genug unterstützten guten Willen,
wieder so, daß in der Folge von der ganzen Be»
fruchtungshandlung wohl nicht viel zu erwarten
seyn dürfte. Am besten ist es daher, man mästet
und schlachtet solchen Hahn, wenn er zwei Jahre
lang seine Dienste versehen hat. Uebrigens aber
wähle man sich zur Zucht einen solchen, der die
mehrste Stärke, die mehrste Lebhaftigkeit und den
größten Nachdruck in seiner Thätigkeit zeigt.

Die

Die Truthühner legen des Jahrs zu zwei verschiedenen Jahrszeiten, nemlich einmal im Frühjahre und das anderemal am Ende des Julius und auch im August Eier. Die Eier nun, welche zu dieser letzten Zeit gelegt werden, darf man ja nicht ausbrüten laffen; denn man bedenke: Ehe die Henne abgelegt hat, ist der August bald, oder vielleicht gar zu Ende; nun brütet die Henne vier Wochen, so daß das Auskriechen der Jungen an das Ende des Septembers oder gar in den Oktober fällt; nun nehme man einmal die rauhe Herbstwitterung, und die außerordentlich zärtlichen und weichlichen jungen Putchen zusammen, so wird man sich gleich den Augenblick überzeugen, daß es mit der Herbstbrut nichts seye. Nein, man wähle die Frühlingseier und Frühlingsbrut. Wenn man freylich die Brutnester in warme Zimmer machen, und die Jungen darin warten und pflegen will, so ist das natürlich etwas ganz anderes.

§. 5.

Am besten thut man, wenn man sich zum Ausbrüten zweijähriger Hühner bedient; denn diese legen, wie die öftere Erfahrung beurkundet, im Frühjahre eher, brüten ordentlicher, und führen auch ihre Jungen am besten.

So

16

Sobald die Hühner abgelegt haben, — und
das ist gewöhnlich der Fall, wenn sie funfzehn,
siebenzehn bis zwanzig Eier gelegt haben, welches
größtentheils um Ostern eintrifft, — so verlangen sie zu brüten, sie bewahren das Nest, und
bleiben auf dem unter ihnen liegenden Eie sitzen.
Merkt man dieses, so muß man einer solchen
Henne, wenn man mehrere derselben hat, das
Brüten nicht sogleich verstatten, sondern sie so lang
warten lassen, bis noch mehrere abgelegt haben,
und so ebenfalls Lust zum Brüten zeigen; denn da
hat man doch in der Folge nur einerley Arbeit
beim Brutgeschäfte. Damit man aber die zuerst
zum Brüten geneigte oder gluckende Henne nicht
etwa verdrüßlich mache, so nehme man ihr ihre
Eier weg, lege ihr ein Hühnerei unter, und lasse
sie so lange darauf sitzen, als sie will.

Zeigen aber sämmtliche Hühner Lust zum Brüten, so mache man die Brutnester zurecht, lege in
jedes funfzehn bis siebenzehn Eyer, setze sodann die
Hühner darauf, mache den Stall etwas dunkel,
und verwahre ihn überhaupt so, daß nicht etwa
Hunde hinein, die brütende Henne stöhren, und
Schweine die Brutnester mit den Eiern ruiniren
können, welches der Fall leicht seyn kann, wenn
der Stall unmittelbar auf der Erde ist. Die Nester
selbst

selbst bereitet man so, daß keine Eier heraus fallen können, und verstehet sie, damit die Eier nicht
unmittelbar auf dem kalten Boden liegen, unten
mit Strohe und dann mit etwas Heu. Wenn
man ordentliche aus Strohringen verfertigte Nester
hat, so braucht man sich vor dem Herausfallen
der Eier nicht zu fürchten. Alle vier und zwanzig
Stunden öfnet man den Stall, hebt die brütende
Hühner von den Nestern, und giebt ihnen vor dem
Stalle vollauf zu freffen und zu saufen. Hierzu
ist man um so mehr genöthiget, als diese Thiere
so hitzig auf das Brüten sind, daß sie vielleicht
Hungers sterben würden, wenn man sie nicht vom
Neste nähme, und zum Fressen zwänge. Haben sie
sich aber satt gefreffen, so bringt man sie wieder
auf ihr Nest, und fährt dann so bis ans Ende der
Brutzeit fort. Da es nun seyn kann, daß eine
Henne bei dem Umwenden der Eier mit ihren
Schnabel, ein oder das andere Ei so auf die Seite
brächte, daß sie es nicht gehörig bebrüten könnte,
so muß man daffelbe wieder ordentlich unterlegen,
damit es gehörig bedeckt und erwärmet werden
kann. Den achtundzwanzigsten und neunundzwan-
zigsten Tag der Brutzeit, — denn die Truthühner
brüten vier Wochen, — unterfucht man die Eier.
Findet man, daß die Jungen anfangen auszukriechen, und ihre Hüllen zu verlaffen, so darf man ja

B   die

die Alten nicht mehr vom Neste heben, sondern
man läßt sie ohne Futter sitzen bis die kleinen Put
chen alle ausgekrochen sind. Ist das aber gesche
hen, so läßt man die Bruthühner wieder vor dem
Stall zum Fressen, und setzet während der Zeit die
Jungen, die von zwei Hühnern sind ausgebrütet
worden, in ein Nest zusammen, giebt sie mithin
auf diese Art, einer Pflegemutter, oder einer Füh
rerin. In die bei dieser Gelegenheit leer gemach
ten Nester legt man, nachdem man sie gehörig ge
reiniget hat, zwanzig bis einundzwanzig Enten
oder Hühnereyei, um so von der Begierde der al
ten Truten zum Brüten doppelten Vortheil zu zie
hen. Will man aber etwa von einer Truthenne
Enten- und Hühnereier zugleich ausbrüten lassen,
so muß man ihr die Hühnereier acht Tage später
unterlegen, als die Enteneier, damit die Jungen
zu gleicher Zeit herauskommen; denn die jungen
Entchen brauchen vier, die jungen Hühnerchen aber
nur drei Wochen Brutzeit zu ihrer Vollendung.

Wenn man freilich nur eine Bruthenne hat,
so kann man das bishero beschriebene Verfahren in
seinem ganzen Umfange nicht anwenden, so wie
dieses jedem Dekonomen sehr leicht begreiflich seyn
wird. Ueberhaupt aber müssen wir bemerken, daß,
wenn man sich doch mit der Truthühnerzucht ab

gebe

geben will, man wohl thue, daß man sie etwas
ins Große treibt; denn erstlich gehts mit der Wartung und Pflege in einem hin, und zweitens kann
man da auch eine ordentliche Hüterinn halten, die
die Thiere, so lang es nur immer geben will, aufs
Feld treibt, wobei dann allerdings viel gespart
wird.

§. 6.

Da die kaum ausgekrochenen jungen Putchen
noch von dem Gelben des Eies gesättiget sind, so
bedürfen sie in den ersten vierundzwanzig Stunden
keines Futters. Recht wohl thut man, wenn man
die Jungen, sobald sie ausgekrochen und abgetrocknet sind, in kaltes Wasser taucht, sie sogleich wieder herausnimmt, und sie sodann unter die Bruthenne zur Bedeckung steckt, so wie man ihnen dann
auch ihre Füße in Branntewein tauchen, und ihnen
ein paarmal Pfefferkörner, das erstemal eins, und
das anderemal zwei eingeben kann. Die Fütterungsmethode besteht nun in folgendem: Wenn die
Putchen einmal vierundzwanzig Stunden alt sind,
so giebt man ihnen hartgekochte, abgeschälte und
klein gehackte Eier, worunter man zerriebene Brodkrumen, und klein gehackte junge Nesseln gemischt
hat, so wie auch entmolkte oder molkenfreie in
einem Beutel ausgepreßte Sauermilch, die man

an

an einigen Orten Käsematerie oder Hotten
nennt, welche man ebenfalls mit Brodkrumen und
klein gehacktcu Nesseln vermischt hat. — Nach
einigen Tagen kecht man Erbsen ganz weich und
zerdrückt oder zerrühret sie, so daß keine ganz
bleibt. Hierunter thut man nun etwas Schnitt-
lauch oder grüne Zwiebelschalotten, klein gehackte
Brennesseln und zerhackte Eier. Nach acht Tagen
läßt man die Eier ganz weg, und giebt ihnen nur
Erbsenbrei, Zwiebelschalotten, Brennesseln, Sallat und dergleichen Grünes auf die Hälfte darunter
gestampft, ober auch blos Kleyen, Gerstenmehl,
Buchwaizengrütze, jungen Sallat und gekrümtes
Brod täglich dreimal, und läßt sie außer der Zeit,
wenn es schönes Wetter ist, im Graßgarten ober
sonst auf grünen Plätzen hüten, wo sie allerhand
Würmer, Fliegen und Insekten fangen und solche
fressen, welches ihnen recht gesund ist. — Vierzehn Tage wird mit diesem Futter angehalten, und
hierauf zwei Theile grünes und nur der dritte Theil
von Erbsen, Kleien, Gerstenmehl oder Buchwaizengrütze darunter gekocht, welches dann ihr Futter bleibt. Werden nun die jungen Thierchen stärker, so daß sie den Alten überall folgen können, so
läßt man sie, nachdem sie des Morgens ein grünes Futter bekommen haben, mit ihren Müttern
durch einen Buben oder durch ein Mädchen ins

Feld

Feld treiben, und da ihre Nahrung suchen, wo sie
dann sowohl Gras, als auch allerhand kleines Ungeziefer finden. An alten Gräben und Wasserlachen
fangen sie alle kleine Frösche und andere Insekten,
zerreißen und verschlingen sie; und hütet man sie
in der Heuernbte auf den Wiesen bei dem in Haufen stehenden Heu herum, so fangen sie die darauf
hüpfenden grünen, kleinen und großen Heuschre-
ken, Grillen u. s. w. und verzehren sie mit Appetite. Eine Hauptsache aber ist, daß man die jungen Puten in ihrem zarten Alter überhaupt, als
auch bei dem Hüten insbesondere vor der Nässe
und Kälte verwahre, sie vor zu starker Sonnenhitze
in acht nehme und nicht zulasse, daß sie unter
Brennessel gehen; denn so angenehm das Freie und
so wohlthätig die sanfte Sonnenwärme für sie ist,
so drückend und gefährlich ist ihnen die zu stark
brennende in den heißen Mittagsstunden; gut ist
es demnach, daß man sie bei eintretendem Hagel oder Regen in Sicherheit bringe, in den heiß-
sen Mittagsstunden aber in Schatten treibe, und
damit sie nicht durch das Brennen der Nesseln
krumm und lahm werden, von denselben entfernt
halte. Daß man jung und alt alle Abende nach
Hause treibe, und sie da noch mit Futter versehe,
verstehet sich wohl von selbst. Mit dieser Huth-
und Fütterungsmethode fährt man bis zur Erndte

B 3 fort,

fort, sodann aber treibt man sie sämmtlich in die
Getraidestoppeln, läßt sie da die ausgefallenen Körner auflesen, die unter den Stoppeln befindliche
Gräser und Pflanzen abrupfen, und andere Nah-
rungsmittel, z. B. die Insekten suchen, wo man
dann, wenn man sonst nicht will, des Fütterns zu
Hause ganz überhoben seyn kann. Im Winter füttert man die annoch vorräthigen Truthühner mit
gestampften Gartengewächsen, gekochten und zerdrückten Kartoffeln, zerhackten Rüben, worunter
man Treber oder Kleien gemischt hat, mit Waizen,
Roggen, Gerste, Hafer, türkischen Waizen u. d. gl.
je nachdem man mit einem oder dem andern am
besten versehen ist. Aus Erfahrung kann ich ver-
sichern, daß der vorher eingequellte türkische Waizen, den man auch türkisches Korn, wälsch
Korn, Mays, und Kukuruz nennet, ohne
eben geschroten zu seyn, ein ganz vortreffliches Futter für die Truthühner ist.

Der Truthühnerstall kann übrigens unmittelbar auf der Erde, oder auch ein Stockwerk hoch
seyn. In jedem Falle aber ist es nothwendig, daß
er mit hinlänglichen Stangen versehen werde, damit die Thiere bequem sitzen können; so wie er
dann auch noch manche andere Bequemlichkeiten
haben muß, von denen wir weiter unten, wenn

wir

wir von dem Stalle für die Hof= oder Haushühner reden, handeln werden.

Wie die Truthühner gemästet werden müssen, werden wir weiter unten, wenn wir von den Mästungsanstalten überhaupt handeln, weitläufig zu erläutern suchen.

———————

Das

Das zweite Kapitel.

Die Cultur der gemeinen Haus- oder Hofhühner.

§. 7.

Das Haus- oder Hofhuhn stammt wahrscheinlich von dem wilden Huhne, wovon man noch jetzt viele in vielen Provinzen Asiens, in der Indischen Wäldern, in den Wüsten am Caspischen Meere, in der Songarey, Bucharey, China, in einigen Provinzen von Afrika, und auf den Inseln des grünen Vorgebirges findet. Ostindien ist vermuthlich sein ursprüngliches Vaterland, von da es sich zahm, als Hausthier über die ganze Erde verbreitet hat. Es mag aber ihr natürlicher ursprünglicher Aufenthalt seyn, welcher er will, so haben sich diese Vögel doch leicht in der alten Welt von China bis zu dem grünen Vorgebirge und vom mittäglichen Ocean bis zum mitternächtlichen ausbreiten können. Diese Wanderungen sind aber sehr alt und übersteigen Geschichte und Ueberlieferungen. — Unter keiner Gattung des landwirthschafts

schaftlichen Flügelwerks giebt es wohl so starke Verschiedenheiten, als unter dem bekannten Hühner-
geschlechte. Ehe wir aber von diesem handeln,
wollen wir erst beide Geschlechter, nemlich den
Hahn und die Henne, so wie dies auch der Fall
bei den Truthühnern war, betrachten.

Der Hahn unterscheidet sich von der Henne
durch die Schönheit seines Wuchses, durch seinen
stolzen majestätischen Gang, durch seinen fleischigten rothen Kamm, durch seine rothen fleischigten
Läppchen, Lillen oder Glöckchen unter der Kehle,
durch seine langen Sporn an den Füßen, durch
den Reichthum und die Schönheit vorzüglich seiner
Hals- und Brustfedern, die sich bei jeder Bewegung sanft verschieben, durch seine Bürzelfedern,
die an den Seiten des Schwanzes herabglütschen,
und durch die angenehmen Krümmungen seiner
emporstehenden Schwanzfedern, worunter die zwei
mittelsten die längsten sind. — Er kündigt durch
sein Krähen die Stunden der Nacht, den Anbruch
des Tages und oft auch die Veränderung der Witterung an, vertritt so beim Bauersmann die Stelle
der Uhr und des Wetterglases, und ist überhaupt
das Sinnbild der Wachsamkeit. Er ist sehr wol-
lüstig, liebt seine Hühner und wird von ihnen geliebt und gefürchtet; er versammelt sie durch seinen

B 5   locken

lockenden Ruf um sich herum, theilt jedes der herz
ausgescharrten Körnchen zärtlich mit ihnen, und
vertheidiget sie, so viel in seinen Kräften stehet.
Ueberhaupt ist er empfindlich, eifersüchtig und muz
thig; er kämpft mit seinem Nebenbuhler so wie
auch mit einem fremden Hahne bis aufs Leben, so
wie dies die Erfahrung überhaupt, und die engliz
schen Hahnengefechte, wobei oft große Wetten anz
gestellt werden, insbesondere beurkunden. Ueberz
haupt ist Eifersucht die größte Leidenschaft dieses
Vogels, und er leidet, wenn er sich stark genug
fühle, schlechterdings nicht, daß ein Nebenbuhler
auch Theil an denjenigen Hühnern habe, die sich
ihm einmal ergeben haben, und sich in dem von
ihm in Besitz genommenen Bezirke des Hofs befinz
ben; denn wenn sich auch drei bis vier Haushähne
mit ihren Hühnern auf dem Hofe aufhalten, so
kommen sie doch nirgends als im Stalle zusammen,
und auch hier behauptet ein jeder in der Regel mit
seinen Weibern einen beständigen Platz.

§. 8.

Die Henne weicht in Hinsicht der im vorigen
Paragraph vorgetragenen Eigenschaften ganz von
dem Hahne ab. Sie hat weder die mannigfaltigen
noch so schön glänzenden Federn, als der Hahn,
weder einen so großen Kamm, noch so schlank
herz

herabhängende Kehllippchen, als der Hahn, weder
die Sporn an den Füßen, noch die krummgebo-
genen Federn im Schwanze, noch kann sie so,
wie der Hahn krähen, so wie dieses alles allgemein bekannt ist. In der Art den Schwanz zu
tragen, zeichnet sich dieses Thier vor allen andern
Vögeln aus; denn bei ihm sind die vierzehn
Schwanzfedern so in die Höhe gestellt, daß sieben
derselben, die auf jeder Seite befindlich sind, in
einen spitzigen Winkel so zusammenstoßen, daß dadurch gleichsam ein spitzwinklicht Dreieck gebildet
wird, dessen Grundfläche oder Oeffnung nach der
Erde gerichtet ist.

Die Bestimmung der Hühner ist, Eyer zu legen, Junge auszubrüten, und sie zu führen. Sie
legen das ganze Jahr hindurch, außer zur Mausezeit, welche zu Ende des Herbstes oder im Anfange
des Winters einzutreten pflegt, und wohl 6 Wochen
bis 2 Monate dauert. Selbst den Winter hindurch,
wenn dieser nemlich nicht zu kalt ist, wird die gut
gefütterte und gepflegte Henne mit dem Legen fortfahren, und sollte wirklich dasselbe wegen eintre-
tender harten Witterung unterbrochen werden, so
darf man die Hühner nur in einem recht warmen
Stalle halten, worin sich beständig warmer Mist
befindet, und man wird gewiß das Vergnügen
haben,

haben, dann und wann frische Eier ausnehmen zu
können; so wie man diesen Zweck noch weit eher
erreichen wird, wenn man an einigen Hühnern bei
rechter kalter Witterung ihren Aufenthalt in der
Gesindestube oder in einem andern warmen Zimmer
anweisen will.

§. 9.

Nach den Bemerkungen mancher ökonomischen
Schriftsteller sollte daher wohl jede Henne wenigstens hundert bis hundert und sechzig Eier legen;
allein, wenn man die Sache so betrachtet, wie sie
bei wirklichen Oekonomien betrachtet werden muß,
kann man getrost sagen: Eine Henne liefert des Jahrs im Durchschnitte ein
Schock oder sechzig Eier; denn das Ding
gehet nicht immer so, wie es oft das geduldige Papier aufnimmt oder aufnehmen muß.

Die Eier sind demnach nach des Herrn Buchoz
richtigen Bemerkungen alles das, was die zeu-
gende Natur durch das einzige sich bloß selbst über-
lassene Weibchen hervorbringen kann; denn um
bloß Eier zu legen, bedürfen die Hühner des Hahnes nicht. Die Eier wachsen ohne Hahnentritt beständig an dem traubenförmigen Körper des Eier-
stocks, bis sie sich aus ihrem Häutchen ablösen,

durch

durch den Eiergang durchlaufen, und wenn sie zu
ihrer Reife gelangt, aus dem thierischen Körper
hervorgepreßt werden. Diese Eier enthalten aber
kein lebendiges Thier; doch sind sie zur Speise eben
so gut, als die befruchteten. Zur Hervorbringung
junger Hühner ist der Hahnentritt absolut
nothwendig. Possierlich ist nun die Art, wie der
Hahn der Henne seine Liebkosung zu erkennen giebt,
ernsthaft und lächerlich zugleich die Art der Begattung. Er nähert sich der Henne durch einen schrägen und hurtigen Anlauf, gehet auch wohl erst
einigemal stolpernd, indem er den einen Flügel
scharf an der Erde hinstreicht und stoßweise an den
Fuß schlagen läßt, in einem halben Kreise mit
einem besondern Getattere um sie herum.
Nachdem er also sein Weibchen becomplimentirt,
ihm seinen Kratzfuß gemacht, und seine Gewogen-
heit eingeerndtet hat, so betritt er es; und schlägt
nach vollendeter Begattung entweder beide Flügel
hoch zusammen und ruft ein freudiges Kikeriki,
oder gackert und umgehet die Henne wieder stolpernd
mit einem niedergesenkten Flügel. Oft aber macht
er alle diese Complimente nicht, sondern läuft gleich
und das zwar vorzüglich des Morgens, wenn er
aus dem Stalle kömmt, in vollem Galoppe hinter
einer oder der andern Henne her, faßt sie beim
Kopfe und tritt sie ohne alle weitere Umstände. Ist

nun

nun das Treten oder die Begattung einmal geſchehen, ſo iſt ihre Wirkung auch von dauerhafter Folge,
ſo, daß eine Henne welche ſchon 20 Tage lang von dem
Hahne entfernt geweſen, nicht minder fruchtbare
Eier legt, als diejenigen ſind, welche ſie kurz nach
der Begattung gelegt hat. Ein Umſtand, der auch
bei den Feld- oder Rebhühnern eintritt,

§. 10.

Wir kennen nun die allgemeinen Eigenſchaf-
ten des Hahns und der Henne. Wir wollen daher
nun auch noch, ehe wir von der Wahl, der Wartung und Pflege dieſer Thiere handeln, die ver-
ſchiedenen Abſtuffungen und Spielarten derſelben
betrachten.

Den Anfang mache hier:

1) Das gemeine, oder ſogenannte
Bauernhuhn. Dieſes Thierchen iſt zu bekannt,
als daß es hier einer weitläufigen Beſchreibung be-
dürfte. Man trifft es von mancherlei Farben und
Schattirungen auf allen Bauernhöfen an. Hahn und
Henne haben einen ſpitzigen Kopf, einen ſchmalen
Leib und in der Regel einen einfachen Kamm, und keinen Federbuſch, keine Holle auf dem Kopfe. Spielarten hiervon, die vermuthlich aus der Paarung
mit

mit den noch folgenden Arten entſtanden ſind, ſin￼
det man folgende auf ſehr vielen Hoſen, nemlich:

a) Das Huhn mit einem kleinen Fe￼
derbuſche am Hinterkopfe und einem
kleinen Kamme. Dieſe Spielart beſitze ich
ſelbſt.

b) Den Kronenhahn. Dieſer hat ſeinen
Namen von ſeinem Kamme, der entweder aus
einem dicken ausgezackten zuſammen gewachſenen
Fleiſchklumpen oder aus einem runden oder rund￼
lich ausgezackten Kranze beſteht. Dieſe Gattung
hatte ich ebenfalls; ich habe ſie aber aus Gründen,
die ich weiter unten anführen werde, wieder ab￼
geſchafft.

2) Das Hauben￼ oder Buſchhuhn,
das man auch das geſchopfte Huhn nennt.
Dieſes hat ſeinen Namen von dem Federbuſche auf
dem Kopfe, welchen man an einigen Orten Holle
oder Hulle nennt. Dieſer Federbuſch ſtehet bei
einigen ganz dünne, ſpitz und gerade in die Höhe,
bei andern iſt er rund, und noch bei andern liegt
er auf dem Kopfe zertheilt ſo aus einander, daß er
die Augen ziemlich bedeckt. Wenn dieſer letzte Fall
vorhanden iſt, ſo kann man ihn immer unter die
Un￼

Unvollkommenheiten des Thieres zählen; denn gehet
ein solches, welches mit einem dergleichen Busche
versehen ist, auf dem Hofe herum, und es fänget
an zu regnen, so bedecken die naß gewordenen
Buschfedern sogleich die Augen, so, daß das Thier
gar nicht sehen kann. Wenn nun die übrigen ins
Trockene laufen, so stehet oder gehet der arme ge-
blendete Habn im Regen, und weiß nicht wohin
oder woher er soll. Ich habe diesen Fall mehr als
einmal zu sehen Gelegenheit gehabt.

Abänderungen hiervon sind nun:

a) das goldfarbige oder Goldlack-
huhn. Dieses hat goldgelbe Federn, auf deren
jeder ein schwarzes Fleckchen ist.

b) das silberfarbige, oder Silber-
lackhuhn. Dieses hat glänzendweiße Federn,
gleichsam mit schwarzen Fleckchen, wie das vorige. Diese beiden Abänderungen, die man
an einigen Orten die großen brabantischen Hühner nennt, sind bei weitem viel
größer als unsre gewöhnlichen allbekannten Hofhühner. Sie haben einen großen Federbusch von
gleicher Farbe mit ihren Flügelfedern, und legen
ganz zart punktirte Eier beinahe von der Größe
der

der Gänseeier. Man hat diese Hühner in Dresden und, wie mir ein Freund versichert, auch in Caffel, so wie ich sie gleichfalls im Braunschweigischen, nemlich in Seesen, angetroffen habe. Hier bei uns sind sie nicht bekannt.

c) Das schwarze Huhn mit weißem Federbusche. Dieses, welches man in hiesiger Gegend das englische Huhn nennt, ist bei uns sehr bekannt. Ich kenne aber keine Vorzüge, die ihm vor andern Hühnerarten zur Empfehlung dienen könnten. Man hat von dieser Spielart, auch solche, deren weiße Holle noch von einem schwarzen Kranze eingeschlossen ist.

d) Das weiße Huhn mit schwarzem Federbusche. Auch dieses wird einzeln hier angetroffen; es läßt sich aber auch das nemliche von ihm sagen, was wir von dem ersten bemerket haben.

e) Das Achat- und Chamoisfarbige Huhn.

f) Das schieferfarbige Huhn mit einer Holle von gleicher Farbe. Dieses Huhn, welches aber sehr selten ist, sieht sehr schön aus.

C

Ich

34

Ich habe es in meinem Leben nur ein einzigesmal
gesehen.

g) Das karpfenschupfige Huhn mit
einer blaßgelben Holle.

h) Das braune Haubenhuhn mit
weißen perlenförmigen Pünktchen auf
den Federn. Dieses wird an einigen Orten
auch die Witwe genannt. Ich hatte einen Kaularsch oder schwanzloses Huhn von dieser Farbe,
aber ohne Holle und Haube unter meinen Hühnern,
und ich muß gestehen, daß ich kaum eine so schöne
Henne gesehen habe, als diese war.

§. 11.

3) Der Kaularsch. Dieses schwanzlose
Thier wird auch das ungeschwänzte Huhn,
Muß, das persische und virginische, so
wie auch das Kluthuhn genannt. Es hat seinen
Namen daher, weil ihm die Schwanzfedern fehlen,
und es, was den vaterländischen Namen betrifft, aus
Persien herstammen soll. Man hat bemerket, daß es,
obschon es vom Hahne getreten worden, oft unfruchtbare Eier gelegt hat, welches dann freilich
ganz natürlich zugehet; denn wenn man einen solchen Kaularsch betrachtet, so wird man finden,
daß

daß die über dem After befindlichen Federn so straff über die Geburtstheile der Henne hergebogen sind, daß die Befruchtung des Hahnes oft wohl nicht von der gehoften Wirkung seyn muß. Manche Hauswirthe ziehen diese Hühnerart — den übrigen vor, allein ich weiß nicht warum; ich habe nie Vorzüge daran wahrgenommen. Ich für meinen Theil würde daher dieses Thier, wenn ich sonst nicht, wenigstens die mehrsten Arten von Hühnern zu haben wünschte, gar nicht auf dem Hofe leiden; denn es siehet, da es keinen Schwanz hat, nicht einmal hübsch aus.

4) Das Strupphuhn. Dieses wird auch Straubhuhn, Krallhuhn, Kraushuhn, und ostfriesländisches Huhn genennet. Die Federn, sowohl die Deck- als Flügelfedern liegen nicht nach hinten zu, wie bei dem übrigen Federvieh an, sondern biegen sich verkehrt vorwärts, so daß die eben so liegenden langen Halsfedern bewirken, daß der Kopf wie in einem großen Federkragen zu liegen scheint. Wenn man einen solchen Hahn oder eine solche Henne nicht selbst gesehen hat, so kann man sich keinen recht deutlichen Begriff davon machen. Ich traf die ersten in dem anderthalb Stunden von hier entfernten Orte Tiefthal auf dem Hofe des braven Oeko-

C 2   nomen

nomien Ludwig Braun an. Da mehrere Oeko,
nomen sich nicht von den Vorzügen dieser Hühner,
haltung überzeugen können, so will ich hier das
Gespräch, welches ich mit Braunen dieserwegen
hatte, anführen:

Lieber Braun, was macht Er mit den garstigen
struppichten Thieren da? das war das erste, was
ich beim Anblick der mir ganz fremden Strupphüh,
ner sagte.

Lieber Herr Professor! das sind Strupphühner,
erwiederte mir mein guter Braun.

Aber bringen denn diese Hühner mehr Nut,
zen, als die übrigen weit schönern, die da auf dem
Hofe herumspatieren?

Nein, fuhr Braun fort, sondern sie legen
eben so oft als die übrigen, so daß sie mir in dieser
Rücksicht eben so lieb als jene seyn müssen. Nun
kommt aber das noch hier dazu: Da sie wegen
ihres verkehrten Federwuchses nicht gern fliegen,
so vertragen sie mir bei weitem die Eier nicht, die
mir die übrigen verschleppen; denn auf dem Lande
ist nicht alles so, wie in den Städten zugebauet,
sondern es ist hier und da oft nur eine bloße Wand

oder

oder Planke von Brettern, die das Eigenthum
zweier Nachbarn scheidet; da gehen dann nun freilich die eben zum Legen geneigten Hühner darüber,
und legen ins nachbarliche Eigenthum, das aber
der Fall bei den Struppbühnern nicht ist. Und in
dieser Rücksicht haben sie Vorzüge vor den übrigen
Hühnern. —

§. 12.

5) Das Zwerg- oder Dachshuhn.

Von dieser Art hat man mehrere Abänderungen,
die sich sowohl in Rücksicht ihrer Größe, als auch
der Bekleidung ihrer Füße von einander unterscheiden. Man hat nemlich:

a) ganz kleine mit nackten Füßen,

b) ganz kleine mit befiederten Füßen,

c) mittelgroße mit nackten Füßen,

d) mittelgroße mit befiederten Füßen.

Alle diese vier Arten habe ich mehrmalen gesehen, die zwei letztern Gattungen oder vorzüglich
auch hier im Lande angetroffen. Ihrem Körper
nach sind diese so groß, als die gewöhnlichen Hühner; allein ihre Füße sind ganz kurz, und wie bei
den Zwergen etwas auswärts gebogen. Einen sehr

schönen

schönen Hahn von dieser Gattung sahe ich bei dem Landvoigt Seidenschwanz in Zimmern infra. — Man hat überdies auch noch mehrere Arten kleiner Hühner, wovon ich aber noch nie eins zu sehen Gelegenheit hatte. Dahin gehören:

a) Der Ocoho, oder die Henne von Mabagaskar. Die Hennen dieser Art sollen sehr klein seyn, und nach Proportion noch kleinere Eier legen; indem sie deren wohl dreißig auf einmal sollen ausbrüten können.

b) Das kleine Javanische Zwerghuhn. Dieses gleicht an Größe einer Taube.

c) Das Huhn von der Meerenge von Darien. Dieses ist etwas kleiner als unser gemeines Bauernhuhn, hat einen gefiederten Ring um die Schenkel, einen sehr dicken Schwanz, und schwarze Spitzen an den Flügeln.

d) Das Huhn von Bantam, oder das englische Zwerghuhn. Dieses wird auch das gestiefelte rauchfüßige Huhn genennt. Seine Füße sind nur auswärts mit Federn besetzt. An den Schenkeln sind sie lang, und bil-

den

ben dafelbſt eine Art von Stiefeln, welche weit
über den Knöchel herabreichen.

e) Das Huhn von Camboge. Die
Füße dieſer Hühner ſind ſo kurz, daß ihre Flügel
auf der Erde hinſtreifen. Ihr Körper iſt ſo groß,
wie jener unſerer gemeinen Hof= oder Bauernhüh=
ner; nur zeichnen ſie ſich in Rückſicht ihrer außer=
ordentlichen kurzen Beine ſo ſehr aus.

Im Ganzen genommen wollen mir die ganz
niedrigen Hühner nicht gefallen; denn da ſie nicht
im Miſte ſcharren können, ſo müſſen ſie manches
Körnchen und manches Würmchen entbehren. —

6) Der Hamburgiſche Hahn nebſt der
Henne, die auch unter dem Namen Sammt=
hoſen bekannt ſind, weil ihre Schenkel und ihr
Bauch gleichſam wie mit einem ſchwarzen Sam=
met bekleidet ſind. Der Hahn dieſer Gattung
hat einen ſtolzen Gang, einen ſehr ſpitzigen
Schnabel, - einen gelben Augenring und einen
Zirkel von braunen Federn um die Augen, von
welchem ein ſchwarzer Federbüſchel emporſteigt,
der die Ohren bedeckt. Eben dergleichen Federn
findet man auch hinter dem Kamme und unter dem
Läppchen, auf der Bruſt hingegen ſchwarze, runde

C 4   breite

breite Flecken. Schenkel und Füße sind bleifarbig
bis an die Fußsohlen, welche eine gelbliche Farbe
haben. Man liebt ihn vorzüglich zu dem englischen
Hahnengefechte. —

7) Das Wollhuhn, Japanische Huhn
oder Haarhuhn. Dieses, welches wie sein
Name sagt, aus Japan herstammt, und jetzt auch
in Deutschland bekannt ist, gleicht an Größe dem
gemeinen Huhne, und die Federn haben zum Theil
mit den Haaren oder der Wolle von vierfüßigen
Thieren Aehnlichkeit, weil sie so locker an dem
Schäften angeheftet sind, an welchen sie bis an
die Zehen reichen. Die Farbe der Federn ist mehrentheils weißbläulich, Kamm, Haut und Füße
aber sind schwarz.

8) Das Mohrenhuhn oder Schwarze
huhn. Dieses auch in Deutschland bekannte
Huhn soll auf den Philippinischen Inseln sein ursprüngliches Vaterland haben. Es hat, wie auch
schon sein Name zu verstehen giebt, schwarze Federn, einen schwarzen Kamm und schwarze Kehllippchen, und auch ziemlich schwarze Knochen.
Unter unserm deutschen Klima artet es nach und
nach, so wie es verschiedene Generationen durchge-
gangen, wieder aus. Da sein Fleisch nicht so schmack-

haft

haft als jenes der übrigen Hühner ist, und übrigens auch keine andere besondern Vortheile zu erwarten sind, so darf man sich nicht einfallen lassen, es eines besonderen Nutzens wegen halten zu wollen.

9) Das türkische Huhn. Der Hahn von diesem Geschlechte ist vorzüglich seines prächtigen Gefieders wegen merkwürdig. Die herrschende oder Grundfarbe ist weiß; Flügel und Bauch fallen ins Schwarze; die Schwanzfedern sind ebenfalls schwarz, und spielen ins glänzend Grüne, so wie die Schenkel ins Blauliche. Der ganze Leib ist voll goldner und silberner Striche. Die Henne ist weiß, hat schwarze Flecken, und hinter dem Kamme erhebt sich noch ein anderer von weißer Farbe.

10) Die Sporhenne. Diese hat an ihren Füßen eben solche Sporn als der Hahn. Sie soll nicht so fleißig legen, als die ungespornten Hühner. Daß man sie übrigens nicht gern als Bruthenne benutze, ist wohl ganz natürlich; denn sie bricht mit ihren Sporn gar zu leicht die Eier, wenn sie vom Neste will.

11) Das fünf und sechszehige Huhn. Ersteres hat drei Zehen vorn und zwei hinten; letzteres aber drei vorn und drei hinten.

C 5   Man

42

Man hat zwar noch verschiedene Spielarten
von Hühnern; allein wir können uns mit den bisher beschriebenen um so mehr behelfen, als selbst
unter diesen nicht einmal alle von gleichem Nutzen
sind, der Oekonom aber doch unter dem Mannichfaltigen immer das Nützlichste wählen muß. Wir
wollen daher nunmehr in den folgenden Paragra-
phen zur Wahl des Hahnes und der Hühner übergehen.

§. 13.

Ein guter Hahn muß groß, stark und munter
seyn, einen langen natürlich gekrümmten Hals,
einen großen hochrothen einfachen stark eingezack-
ten und etwas auf eine Seite hangenden Kamm,
lange herunterhängende Kehllippchen, große feu-
rige Augen, einen starken etwas gebogenen Schnabel, hohe feste knochichte Beine, lange scharfe
Sporn und kurze scharfe Klauen, einen erhabenen
und bis beinahe an den Kopf übergebogenen
Schwanz, einen stolzen majestätischen Gang und
eine schöne Stimme haben, d. h. er muß sein Kiki-
riki so recht vollkommen herausbringen können.
Ob übrigens die Farbe auf die Zeugungskraft und
die Bestimmung des Hahns Einfluß habe, mag
ich nicht entscheiden, so sehr ich sonst auch von dem
Einflusse der vorgenannten Eigenschaften auf die
Voll-

Vollkommenheiten eines Hahnes überzeugt bin. Ich sahe mehrmalen dem Castriren der Hähne zu, und bemerkte dabei jedesmal, daß jene mit großen einfachen Kämmen und langen Kehllippchen die größten Deßtikuln oder Hoden hatten. Daß freilich um die Zeit, da die Hähne castriret wurden, die Kämme und Läppchen nicht so groß waren, als sie bei einem ausgewachsenen Hahne sind, versteht sich von selbst, so wie es dann auch wohl ganz natürlich ist, daß man bei der Wahl des Hauben-hahnes nicht auf einen großen einfachen Kamm, und lange Kehllippchen, bei der Wahl des Knäul-erschens nicht auf einen schönen Schwanz, und endlich bei der Wahl des Dachshahns nicht auf lange starke Füße oder Beine sehen darf. Wenn man Hühner anschaffen will, so wähle man sich solche, die einen hohen oder dicken Kopf, einen rothen und nach der einen Seite herabhängenden Kamm, lebhafte Augen, einen starken Hals, eine breite Brust, einen starken und gesezten Leib, dunkelgelbe Beine und keine Sporn haben, die Farbe mag übrigens seyn, wie sie will; nun haben die weißen ein weißeres und delikateres Fleisch, sind aber auch den Nachstellungen der Raubvögel mehr ausgesezt, als die von andern Farben. Daß die Schwarzen, Rothgelben und Aschfarbenen am besten legen, und auch zum Brüten vorzüglich gut seyn soll-

ten,

ten, glaube ich nicht; ich habe wenigstens bei meinen Hühnern von den verschiedenen Farben in Hinsicht des Eierlegens und des Brütens keinen Unterschied bemerkt. Anrathen möchte ich aber übrigens gern, sich, wenn man sonst Gelegenheit hat, die großen brabantischen Hühner, die wir oben auch Gold- und Silberlackhühner nannten, anzuschaffen. Da kann man aber freilich, wie wir ebenfalls schon bemerkt haben, weder auf die Einfachheit noch auf die Größe des Kammes sehen; denn da die Hähne und Hühner dieser Art große Hollen haben, mithin zum Geschlechte der Haubenhühner gehören, so haben sie keinen ganzen Kamm, sondern es gucken nur ein paar Spitzchen desselben vor der Holle oder Haube hervor.

Uebrigens aber kaufe man sich lieber junge, als alte Hühner; denn jene sind besser zum Legen, und auch besser zur Zucht. Ein sicheres Merkmal der Jugend sowohl des Hahnes als der Henne bei stehet darin, wenn der Kamm und die Füße weich sind; denn diese sind rauh und hart, wenn die Thiere alt werden. Von der Größe der Sporn auf das Alter zu schließen, ist trüglich, weil diese von dem Verkäufer so künstlich abgeschabt und zu gerichtet seyn können, daß man dadurch sehr leicht getäuscht werden kann.

§. 14.

§. 14.

Das erste, was nun noch, ehe man wirklich
Hühner ankauft, zu thun ist, besteht darin, daß
man für ein ordentliches Hühnerhaus sorgt. Wir
betrachten daher hier die Lage, die Größe und innere Einrichtung desselben. Da uns daran gelegen seyn muß, auch im Winter frische Eier zu haben, die Hühner aber nicht legen, wenn ihre Wohnung oder ihr Aufenthaltsort zu kalt ist, so wähle
man ja auf seinem Hofe eine solche Lage, die den
Sturmwinden, dem starken Luftzuge, und überhaupt der Kälte nicht ausgesetzt ist. Hier lassen
sich nun freilich keine allgemeinen Regeln geben, sondern da muß man die innere Einrichtung seines
Hofes um Rath fragen. Genug, die Wohnung
für die Hühner darf nicht zu frei liegen, aber auch
nicht so, daß die Thiere beim Legen oder Brüten,
oder auch des Abends, wenn sie alle beisammen
sind, gestöhrt werden.

Der Stall oder das Hühnerhaus selbst, dessen
Größe sich nach der Menge des Viehes, das darin übernachten soll, richtet, muß inwendig mehr
lang, als breit seyn, damit man die Sitzstangen,
die nemlich den Hühnern des Nachts zum Standpunkte dienen sollen, desto besser und bequemer
quer durchlegen und an den Wänden befestigen
könne.

46

könne. Die Wände des Stalles, wovon die vorderste
mit einem Fensterchen versehen seyn sollte, müssen
hübsch geweißt, der Boden aber mit Wassersande
versehen werden. Die Sitzstangen muß man, indem man sie, wie kaum bemerkt worden, quer
durch den Stall legt, an den Seitenwänden so befestigen und so unterstützen, daß sie wegen der
Schwere der darauf sitzenden Hühner nicht herun-
terfallen können, so wie es dann auch nöthig ist,
daß die Stangen nicht grade über einander, sondern hinter einander zu liegen kommen, damit die
obensitzenden Hühner ihren Koth nicht auf die Untern fallen lassen. Diesen Umstand muß man auch
bei der Einrichtung der Truthühnerställe beobachten.

Damit nun aber auch die Hühner Gelegenheit
haben, ihre Eier bequem wohin legen zu können,
so bringt man ordentliche Nester im Stalle an.
Man befestiget nemlich an den beiden langen Seiten, in der Gegend wo die Sitzstangen aufliegen,
so wie auch in den vier Ecken des Stalles Körbe,
und legt unten ebenfalls an den Seiten weg, und
in die Ecken Strohringe, füllt sodann sowohl die
Körbe, als auch diese Ringe mit Heu an, und bereitet so den Hühnern bequeme Nester. Um den
Thieren das Aufsteigen in den Stall möglich zu
machen und zu erleichtern, so bringet man auswendig

wendig an der Wand in einer schrägen Richtung
von der Erde bis zu der kleinen Eingangsöffnung
des Stalls entweder eine Leiter oder eine kleine
Treppe an. Man nennt sowohl eine als die andere die Hühnerstiege. Im ersten Falle, wenn
man nemlich eine Leiter anbringen will, nimmt
man nur eine Latte, bohrt Löcher, deren jedes
etwa einen Schuh von dem andern entfernt ist, hinein, und schlägt sodann einen Schuhlange Speiler-
chen hinein, und nagelt endlich diese mit Speiler-
chen versehene Latte in kaum bemerkter Richtung
an die Wand. Im letztern Falle, wenn man
nemlich den Hühnern das Aufsteigen durch ein
Treppchen erleichtern will, nimmt man nur ein
Bret von gehöriger Länge, nagelt jedesmal einen
Schuh von einander eine ganz schmale und dünne
Latte quer darüber, und befestiget dann dieses
Treppchen auf die kaum bemerkte Art an die Wand.
Die Querlattchen nagelt man deswegen über das
Bret, damit die Hühner, wenn sie darauf hinauf-
steigen wollen, nicht herunter rutschen. Das Thürchen zum Eingange der Hühner versiehet man mit
einem Zuge, indem man eine Leine daran befestiget,
diese über ein Röllchen gehen, und an einem bequemen Orte herunter hängen läßt, damit man vermittelst desselben, wenn die Hühner alle aufgeflo-
gen sind, den Stall bequem verschließen, und des

Mor-

48

Morgens auch eben so bequem öfnen können, ohne nöthig zu haben, sich hierzu allezeit einer Leiter bedienen zu müssen. Das Verschließen des Hühnerstalles ist des Abends um so nöthiger, als sonst des Nachts Iltisse, Marder, Wieseln, einen unwillkommenen Besuch abstatten können.

Man kann, um alles recht vollkommen zu machen, den Stall auch mit einem kleinen Fensterchen, und sodann dieses mit einem eisernen Gegitter versehen, um hierdurch den Hühnern Licht zu verschaffen, und zugleich den Raubthieren den Eingang zu versperren.

Wenn man Gelegenheit hat, einen oder auch ein paar Bäume vor das Hühnerhaus zu pflanzen, so wird man hierdurch den Hühnern ihren Aufenthalt gewiß sehr behaglich machen; denn diese Bäume dienen durch ihren Schatten gegen den zu starken Eindrang der Sonnenhitze, verscheuchen mithin in den heißen Sommertagen das außerordentlich Aengstliche des Hühnerstalles. Daß man übrigens den Tag hindurch den Stall offen, und so frische Luft eindringen lassen müsse, weiß gewiß so ziemlich jede Hausmutter, als daß es nöthig seyn sollte, hierüber weitläufig zu reden,

§. 15.

§. 25.

Die beste Zeit Hühner anzuschaffen ist nun das Frühjahr. Kann man aber da vielleicht keine bekommen, welches leicht möglich ist, so kann man sie auch erst im Herbste, oder wenn man sonst Gelegenheit hat, kaufen. Verschiedene angehende praktische Oekonomen; — denn alte Oekonomen haben gewiß schon Hühner — kaufen sich vor Johanni eine oder ein paar Glucken mit Jungen, und bringen diese sodann auf ihren Hof. Sie haben auch recht; denn erstens gewöhnen sich da die Thierchen gleich an ihren Aufenthaltsort, und fliegen nicht so leicht über; zweitens fangen die jungen Hühnerchen auch noch spät im Herbste an zu legen, und bringen da noch den Lohn der auf ihre Erhaltung verwendeten Wartung und Pflege, und drittens endlich finden die Hühner, die man etwa noch darzu kauft, gleich Gesellschaft, und flattern nicht so in der Irre auf dem Hofe herum. Eigene Erfahrung war hier meine Lehrmeisterin.

Die angekauften Hühner kann man nun entweder gleich ins Hühnerhaus thun, oder sie auch auf dem Hofe im Freien absetzen. Im ersten Falle gewöhnen sie sich leichter an ihre Wohnung, als im leztern; denn in diesem Falle muß man sich

D   schon

schon mehrere Abende damit herumjagen, um sie
in den Stall zu bringen.

§. 16.

In Rücksicht des Fütterns richtet man sich
nach seinen ökonomischen Verhältnissen; denn ein
anderes ist es, ob man wirklich Landwirthschaft
treibe oder nicht. Im ersten Falle ist wieder ein
Unterschied zu machen unter dem Frühjahre und
Sommer, Herbst und Winter. Im Frühjahre
und Sommer, nemlich noch vor der Erndte gehen
die Hühner auf dem Hofe herum, scharren im
Miste, und lesen da die verloren gegangenen
Körnchen, die etwa noch aus dem Streustrohe ge=
fallen, so wie auch Würmchen auf; spazieren in
den Baum = und Grasgärten herum, und suchen
da Insecten zu ihrer Nahrung. Da ist es genug,
wenn man ihnen des Morgens, wenn sie aus
ihrem Stalle kommen, und des Abends, ehe sie
wieder hinein gehen, ihr Futter vorwirft. Ganz
vortrefflich ist es, wenn man nach dem Rathe und
Vorschlage des Herrn Buchoz einen Wurmhaufen,
oder ein sogenanntes Wurmmagazin anlegt, um so
die Hühner dann und wann eine Mahlzeit von
Würmern genießen zu lassen. Man nimmt nemlich
verfaulten und recht entbrannten Mist, und füllt
damit

damit ein in die Erde gegrabenes Loch, welches
eigentlich abhängig angelegt werden muß, damit
das Wasser nicht darin stehen bleibe, an; be-
sprengt sodann den Mist mit Ochsenblut, wirft
Hafer darauf, und mischt alles mit einem Rechen
wohl durch einander. Dieser Mist wird bald voller
Würmer werden, die dann eine wahre Delikatesse
für die Hühner sind. Um die Erzeugung der Würmer zu befördern, kann man den Mist auch mit
Gedärmen von Schafen und andern geschlachteten
Thieren vermischen; so wie man überhaupt auch
statt des in ein Loch geworfenen Mistes, einen
Hügel von Sägespänen aufwerfen, und in demselben Gedärme von Fischen und andern Thieren ver-
scharren kann, worin dann eben so gut, wie in
jenen Magazinen Würmer wachsen werden. Merkt
man, daß in einem oder dem andern von diesen ange-
legten Magazinen, die Würmer anfangen zu leben
und wimmeln, so öffnet man dasselbe nur an einer
Stelle, und bringt durch drei oder vier Schaufel-
stiche so viel Würmer heraus, als man dem Flügelwerke preiß zu geben gedenket. Um aber auch
den Hühnern die Gelegenheit zu benehmen, selbst
nach Gefallen dem Magazine einen Besuch abzu-
statten, so deckt man große Dornbüsche darauf,
und beschwert diese überdies noch mit Steinen.

D 2   Bei

Bei dieser Fütterung mit Würmern muß man aber
ja bemerken, daß man dem Federviehe, vierzehn
Tage vorher, ehe man es schlachten will, bloße
Körner, oder auch andere Sachen, aber ja keine
Würmer zu fressen gebe; denn das Fleisch hat
sonst etwas von dem Wurmgeschmacke an sich.

Ist einmal die Erndte; es werden Früchte
eingefahren und gedroschen, dann hat es mit dem
Füttern gar nichts mehr zu bedeuten; denn da findet das Federvieh so viel Körner, daß es sich beinah ganz fett frißt. Ist aber Winter, und das
Dreschen ist vorbei, so muß man die Thiere, wenn
man ordentlich verfahren will, täglich zweimal füttern, nemlich einmal des Morgens das anderemal
des Nachmittags. Sie mehr füttern zu wollen,
wäre Thorheit und Verschwendung; denn sie kommen des Morgens spät aus ihrem Stalle, und gehen des Nachmittags bald wieder hinein, indem
ihnen die Tageslänge keinen längeren Aufenthalt
im Freien verstattet. — Treibt man keine Landwirthschaft, hat keinen Mist auf dem Hofe, und
die Hühner haben keine andere Zuflucht, als zur
Hand ihres Herrn, so füttert man in den kurzen
Tagen nur zweimal; in den langen aber dreimal;
nemlich Morgens, Mittags und Abends. Da
man

man nun in diesem Falle das Futter gewöhnlich
kaufen muß, so thut man nicht wohl, wenn man
schlechtes nimmt, um vielleicht hierdurch etwas zu
ersparen; nein, man nehme lieber gute reine
Gerste und streue ihnen diese vor; koche Kartoffeln,
zerdrücke sie, menge Kleien darunter, und setze sie
ihnen vor; und werfe ihnen zur Zeit, wenn man
Sallat in den Gärten hat, mit unter Sallatsblät-
ter vor, die sie dann auch ziemlich gern fressen;
man zerstoße gelbe Rüben mit einem Stampfeisen
recht klein, mische etwas Kleien darunter und
reiche sie ihnen dar. — Findet man Maikäfer,
Regenwürmer und Erd- oder Roßschnecken, so
werfe man ihnen auch diese vor; von den Maikä-
fern aber ja nicht zu viel; denn diese sind ein bischen zu hitzig. —

§. 17.

Da man die Hühner vorzüglich wegen des
Eierlegens hält, so hat man auch alle Ursache zur
Legezeit genau acht zu geben, daß sie die Eier nicht
an einen unbekannten Ort legen, oder vertragen.
Einige Hausmütter haben den Gebrauch, die Hühner des Morgens, ehe sie solche aus dem Stalle
lassen, mit dem Zeigefinger zu befühlen, oder, wie
man in hiesiger Gegend sagt, auszugreifen, und
so zu untersuchen, ob sie ein reifes Ei haben, oder

D 3 nicht.

nicht. Sie sehen nemlich vor den Ausgang der
Hühner an den Stall eine Leiter, treten darauf,
und wie eine Henne aus dem Thürchen heraus-
kömmt, so befühlen sie solche in der Geschwindig-
keit. Uebung thut hier das beste, und wissen es
die Hühner einmal, daß sie befühlt oder ausge-
griffen werden sollen, so kommen sie auch ganz
langsam hinter einander her aus dem Stalle.
Jene Hühner nun, die denselben Tag legen müssen, stecken sie entweder gleich wieder zu ihrem
Thürchen hinein, und lassen sie in ihrer Wohnung,
ober sperren sie in einen besondern gleich daneben
befindlichen Legestall, dessen Thürchen sie auf der
Leiter, worauf sie stehen, bequem erreichen können. — Sollte man aber etwa zu viel Hühner
haben, um sie alle Morgen ausgreifen zu können,
und sich doch fürchten, daß eins oder das andere
seine Eier vertrüge, so kann man so verfahren. Man weiß doch wohl, wie viel Hühner man
hat, und man wird sie auch vermuthlich, da man
sie alle Tage beim Füttern beisammen vor sich siehet, und auch, wenn man sie zusammen ruft oder
pfeift, leicht überrechnen kann, kennen. Ist das
nun wirklich der Fall, wie er es billig seyn sollte,
so gebe man des Morgens beim Füttern acht, ob
die Hühner alle da sind oder nicht. Sind sie alle
da, so hat man jetzt weiter nichts zu thun. Sind
sie

fie aber nicht alle da, so steige man in ihren Stall, und sehe nach den Körben, so wie auch nach den auf der Erde befindlichen Nestern. Hier wird man die fehlenden schon finden; denn sie werden auf den Nestern sitzen und sich mit dem Legen beschäftigen. Findet man sie nicht, so ist es möglich, daß sie sich des Tags vorher in die Scheuer oder in einen Stall verkrochen haben, und so eingeschlossen worden. Man öffne daher Scheuer und Ställe, pfeife oder rufe, nachdem man sie an eins oder das andere gewöhnt hat, und sie werden schon kommen. Kommen sie auch da nicht, so kann es seyn, daß sie sich verflogen haben, oder daß sie Iltisse oder Marder geholt haben. Hat man nun bei diesem Nachsehen sowohl in dem Hühnerstalle, als auch in der Scheuer und Viehställen oder Remisen, welche auf ihren Nestern gefunden, so bemerke man sie. Nun gucke man des Tags über auch noch nach den Nestern, ob man legende Hennen darin siehet, um so nach und nach auf diejenigen aufmerksam zu werden, die etwa ihre Eier vertragen. Weiß man nun, daß eine oder die andere Henne ihre Eier vertrage, so passe man auf, ob man sie nicht etwa durch ihren gackernden Gesang entdecken kann; denn bekanntlich geben sie jedesmal, wenn sie gelegt haben, durch einen freudigen gackernden Gesang, ihr verrichtetes Geschäft

D 4   zu

zu erkennen. Hört man dies, so gebe man fleißig acht, wo das Gegackere herkömmt, gehe demselben nach, visitire in der Gegend, und man wird ganz sicher das Nest finden. Kennt man aber die Hennen, die an versteckte Oerter legen, oder ihre Eier vertragen, man weis aber ihr Nest nicht, und man kann es auch alles Nachsuchens ungeachtet nicht finden, so befühle man sie des Morgens, und sperre sie entweder in den Stall, bis sie gelegt haben, oder man reibe ihnen den Legedarm mit etwas Salz und lasse sie sodann laufen. Dies verursacht ihnen einen solchen Reiz, daß sie glauben, das Ei gienge den Augenblick von ihnen. In dieser Meinung laufen sie schnell nach ihrem verborgenen Neste, und man findet, wenn man ihnen nachfolgt, bald den Ort, wo sie ihre Eier hinlegen. Uebrigens aber verschließe man den Tag über Scheuer und Ställe so, daß ja keine Hühner hineinkommen können; denn sie verlieren zum Theil ihre Federn unter das Viehfutter, welches dann dem Vieh leicht nachtheilig seyn kann, sie verunreinigen auch wohl die Krippen oder Futtertröge mit ihrem Koth, werden selbst bisweilen von dem Vieh zertreten, u. dgl.

§. 18.

§. 18.

Die Hühner legen entweder alle Tage, oder
nur zwei Tage hinter einander und ruhen den
dritten. Ich habe bei meinen Hühnern bemerkt,
daß eins derselben, welches gewöhnlich alle Tage
legte, auf einmal anfieng, nur zwei Tage hinter
einander zu legen, und dann jedesmal einen Tag
auszusetzen. Was mag hiervon wohl die Ursache
seyn? Mir ist sie unbekannt. Ich habe oben schon
die Bemerkung gemacht, daß uns die Hühner auch
im Winter mit Eiern versehen, wenn sonst diese
Jahreszeit nicht zu kalt, oder der Stall und die
Nahrung zweckmäßig geeigenschaftet sey. Man hat
aber auch noch besondere Mittel, das Legen im
Winter — aber auch im Sommer — zu befördern.
Ich will einige derselben hier vorlegen. Ich muß
aber zugleich auch bemerken, daß ich selbst damit
noch keinen Versuch gemacht habe. Es ist bekannt,
daß die jungen Hühner im Winter viel lieber, als
die alten legen. Diese jungen Hühner nun bringe
man in eine abgesonderte Kammer, wohin die andern Hühner nicht kommen können, und füttere sie
mit Gerste, die bis zur dunkelbraunen Farbe gerö-
stet worden; oder man siede Gerste auf, und gebe
sie ihnen warm und halb gekocht; oder man streue
ihnen reifen Nesselsaamen oder getrocknete und im
Wasser gekochte Nesselblätter unter das Futter;

D 5   oder

58

ober man mische einige jerstoßene Schneckenhäus-
chen unter Kleien, und mache dieses Gemengsel
mit Wein an, das dann aber wohl sehr theuer zu
stehen kommen dürfte; oder man dörre Leinknotten
in einem mäßig warmen Ofen, dresche sie klar,
schütte sie in stehendes Wasser, und vermische sie
alsdann mit Waizenkleien und Eichelmehl zu gleichen Theilen, rühre alles unter beständigem Was-
serzugleßen wohl unter einander und füttere die
Hühner mit diesem Teige. Will man sie aber noch
hitziger machen, so gebe man ihnen nur von Zeit
zu Zeit Hanfsaamen; mache diesen jedoch nicht zu
ihrem gewöhnlichen Futter, weil sonst die Eier mehr-
kosten möchten, als einem lieb seyn würde. Auch
Siebenzeiten oder Bockshorn, trigonella foenum
graecum, soll gut seyn, um die Hühner im Winter hitzig zu machen. Ich glaube aber, wenn man
sich doch eines künstlichen Mittels bedienen will,
daß wohl gerösteter Hafer und Buchwaizen alles
das bewirken dürfte, was man durch die vorigen mehr zusammengesezten Mittel zu erreichen
wünschte. —

Wer mehr hierüber zu wissen wünscht, der
lese:

1) Kri-

1) Krünitz,

2) Buchoz,

3) die ökonomischen Hefte,

4) Bechsteins Naturgeschichte,

an den bereits oben angeführten Orten.

§. 19.

Findet man unter seinen Hühnern eins oder das andere, welches fehlerhafte und unvollkommene Eier legt, so schlachte man dasselbe ab; denn sie erreichen den Zweck nicht, den man durch sie doch erreichen will. Unter diese zählen wir nun folgende:

1) Die Spureier.
Diese sind entweder außerordentlich klein, oder sehr schmal, und ihnen fehlt bisweilen ein Theil des Dotter oder des Weißen oder auch das sogenannte Auge.

2) Die Windeier.
Diese sind nur von einer ganz dünnen Haut, ohne die eigentliche Schale umgeben. —

3) Die Fließeier.
Diese haben weder Schale noch Haut, sondern gehen ohne alle Einschließung von der Henne weg.

Die

Die vorige und diese Art von Eiern entstehen
wahrscheinlich theils, weil es der Henne an dem
kalkartigen Stoffe im Eiergange gefehlt hat, wor=
aus sich die Schale bildet, theils auch wohl, weil
die Eier durch ungewöhnliche krampfhafte Zufälle
vor ihrer Reife aus dem Eiergange getrieben
werden.

4) Die Hahneneier oder Hexeneier.
In diesen findet sich oft gar kein Dotter, sondern
statt desselben ein in Gestalt einer Schlange zusam=
mengedrehetes Fadenwerk. Der alte Aberglaube
sagt: der Hahn lege selbe und es entstünden Basi=
lisken daraus.

5) Eier mit doppelter Dotter.
Diese entstehen vermutlich, wenn zwei gleich reife
Eier sich durch Zufall vom Eierstocke losreißen, zu=
gleich in den Eiergang kommen, und sich dann in
eins ausbilden. Diese fünf Arten unvollkommner
Eier kommen eben nicht selten vor. Es giebt aber
auch noch andere, die sich theils in Rücksicht ihrer
Form, theils in Rücksicht ihres innern Gehalts an
frembartigen Körpern auszeichnen. Diese findet
man aber so außerordentlich selten, daß wir es gar
nicht für nöthig halten, ihrer weiter Erwähnung
zu thun. —

Jedes

Jedes vollkommene Ei besteht aus folgenden
Theilen:

1) Aus einer äußern harten kalkartigen weißen
Schale, so wie dies jedermann, der ein Ei
gesehen hat, bekannt ist.

2) Aus einer weißen dünnen pergamentartigen
Haut, womit die äußere harte Schale inwen=
dig ganz überzogen ist.

3) Aus dem Eiweiß, welches dann wieder aus
dem sogenannten Eierklar und dem eigentli=
chen Eiweß besteht, und wovon das erstere,
welches die äußere Stelle einnimmt, dünner
und flüßiger, das andere aber, oder das
eigentliche Eiweiß, welches von dem Eierklar
umgeben ist, zäher und dicker ist.

4) Aus dem in der Mitte des Weißen liegenden
kugelrunden Dotter oder Gelben des Eies, an
welchem sich oben und unten gleichsam zwei
schwebende Bänder, welche der Hagel oder
Eierhagel genennt werden, befinden. Und
endlich

5) Aus dem auf der Oberfläche des Dotters si=
zenden blasenförmigen Bläschen, welches man
auch

62

auch die Narbe, das Auge, das Köpf-
chen, den Hahnentritt oder das Vö-
gellein, nennt. Dieses Bläschen enthält
den ersten Entstehungspunkt des sich bildenden
Hühnchens in einer besondern Feuchtigkeit.
Jeder der kaum genannten Theile des Eies ist
übrigens wieder in ein besonderes Häutchen
eingeschlossen.

§. 20.

Wenn die Hühner eine gewisse Anzahl Eier
gelegt haben, so fangen sie an zu glucksen. Dieses
ist dann das Zeichen, daß sie brüten wollen. Es
kann einem unmöglich gleichgültig seyn, daß alle
Hühner brüten, und so mit dem Eierlegen eine ge-
raume Zeit aussetzen, so wenig sich sonst auch alle
zum ordentlichen Ausbrüten schicken. Am besten
ist es daher: man wähle sich grade so viele derselben zum Ausbrüten, als man wünscht, und zwar
unter ihnen grad die, so die zum Brüten erforderlichen Eigenschaften im vollsten Maße besitzen, den
übrigen aber benehme man die Begierde zum Brüten, und nöthige sie so zum Fortlegen.

Manche Hühner stehen schon von dem Brüten ab, wenn man ihnen auch nur die Eier wegnimmt, und gar keins in ihrem Neste läßt, so wie
mit

mir bies die eigene Erfahrung gelehrt hat; andere
aber bekommen einen immer mehr wachsenden
Trieb zum Brüten und geben diesen durch beständiges Glucksen, durchs Aufsträuben ihrer Federn,
durch ihren langsamen gleichsam in Schritte abgemessenen Gang, durch ihr weniges Fressen, und
durch ihr beständiges Sißen auf dem Neste zu erkennen. Man muß demnach, wenn das Wegnehmen der Eier zur Entfernung der Neigung zum
Brüten nicht hinreichen will, seine Zuflucht zu andern Mitteln nehmen. Das gewöhnlichste Mittel
ist nun, daß man die gluckende Henne mit
dem Hintern in kaltes Wasser tauche, oder sie
unter ein Sieb sege, ihr den ersten Tag nichts zu
fressen gebe, den andern Tag aber auf kaum bemerkte Art eintauche, ihr eine Feder durch die
Nase ziehe, und sie dann laufen lasse. Ein anderes Mittel diesen Zweck zu erreichen, ist: man stecke
die zum Brüten geneigte Henne in einen durch
einen Reif ausgespannten Sack, binde diesen zu,
hänge ihn so an einen sicheren Ort, lasse die
Henne vierundzwanzig Stunden hungern, tauche
sie sodann ins Wasser, lasse sie laufen, und sey
versichert, daß die ausgestandene Angst alle Neigung zum Brüten vertrieben haben wird.

§. 21.

§. 2r.

Zum Ausbrüten wähle man sich zwei bis höchstens dreijährige Hühner, die keine Sporn haben, stark befiedert, und geduldig sind; denn haben sie Sporn, so zerbrechen sie leicht die Eier, wie wir auch schon oben bemerkten; sind sie jünger als zwei Jahr, so dauert ihnen oft die Zeit beim Brüten zu lang, und sie verlassen die Eier, und sind sie endlich ungeduldig und wild, so zerbrechen sie ebenfalls die Eier, oder beißen auch wohl die ausgekrochenen Jungen.

Hat man nun unter den gluckſenden Hühnern eine Bruthenne ausgesucht, so weise man ihr ihr Bruteneſt an einem sicheren, einsamen und geräuschlosen Orte an, damit sie ganz ruhig ohne alle Stöhrung sitzen und brüten kann. Oft haben dergleichen Hühner selbst schon ein einsames Neſt, das man ihnen denn auch, nachdem man es, wenn es etwa zu flach und stroharm iſt, mit Heu ausgefüttert hat, laſſen kann. Iſt das der Fall nicht, so darf man nur an einem schicklichen Orte einen Strohring legen, und diesen zum Theil mit Stroh ausfüllen. Federn braucht man keiner brütenden Henne unterzulegen; denn wenn die Henne glaubt, daß es an hinlänglicher Wärme fehlt, so rupft sie sich schon selbst welche aus, und legt sie sich unter.

Eine

Eine Hauptſache iſt, daß das Neſt ſo viel innern
Raum und Höhlung habe, daß die Eier, wenn
die Bruthenne oder Glucke ungefähr aufſtehet,
nicht herausrollen können. Zum Ausbrüten wähle
man friſche, von alten Hühnern gelegte, an einem
trockenen Orte aufbehaltene, recht vollkommene und
ganz fehlerfreie Eier, die überdies auch nicht von
denen im Jahre zuerſt gelegten ſeyn ſollten, weil von
dieſen viele nicht befruchtet ſind. Nun kömmt es darauf an, ob man mehr Hähnchen oder Hühnchen haben
will. Im erſten Falle wähle man die am mehrſten
zugeſpitzten; in letterm aber die mehr runden und ab-
geſtumpften Eier, und man wird ſeinen Zweck gewiß
nicht verfehlen. Hier war eigne Beobachtung und
Erfahrung meine Lehrmeiſterin, und ſo gewiß ich
ſonſt glaubte, daß wahres reines Vorurtheil, von
dem ich gewiß kein Freund bin, hier das Wort
führte, ſo ſehr überzeuge ich mich nunmehro doch
von der Wahrheit der Sache. Mehrere Dekonomen, und unter dieſen auch Serres ſind meiner
Meinung; Buchoz hingegen nennt dieſe Meinung
abgeſchmackt, und im vierten Bande von Beckmanns phyſikaliſch-ökonomiſcher Bibliothek vom
Jahre 1774 heißt es bei Beurtheilung von Wir-
ſings Einleitung in die Kenntniß der Neſter und
Eier auf der 150ſten Seite ſo: „Der ſeit Ariſto-
„toles Zeiten beibehaltene Glaube, daß aus den

E   „ſtum

66

„ftumpfen Eiern Männlein, und aus den fpih
„igen Weibchen kommen, wird hier durch Beob-
„achtung verworfen, und behauptet, man könne
„das Geschlecht niemals aus der Beschaffenheit
„des Eies errathen. Vielmehr ist es wahrschein-
„lich, (heißt es ferner) daß die rundere und spitz-
„gere Figur der Eier ein mechanischer Zufall sey, der
„von dem Drucke des Legedarms auf das Ei, wenn
„seine Schale noch weich ist, herrührt; und dieser
„Druck kann durch die Krämpfe des Legedarms bald
„vermehrt bald vermindert werden, nachdem derselbe
„von den mit Unrath angefüllten oder ausgeleerten
„Gedärmen oder von andern Ursachen gereizt wird.

§. 22.

Da sich nun die Eier in ungerader Zahl wegen
ihrer Gestalt zirkelförmig und fester zusammenlegen
lassen, so pflegt man sie auch den Bruthennen in
ungerader Zahl unterzulegen, obschon man versichert seyn kann, daß sie solche auch, wenn man sie
ihnen in gerader Zahl unterlegt, ebenfalls ausbrüten werden. Die Zahl der unterzulegenden Eier
selbst richtet sich theils nach der Größe der Bruthenne und theils auch nach der Jahreszeit, in welcher das Ausbräten geschieht. Im Frühjahre,
wenn es nemlich noch etwas kalt ist, nimmt man
11, im Sommer aber am besten 15 Eier. Einige
Oekonomen nehmen wohl im Sommer 21 Eier, die
sie

fie der Bruthenne oder Glucke unterlegen; allein ich
glaube, 15 dürften wohl die befte Zahl feyn. Den
Bruthennen zu Freffen und zu Saufen vors Neft zu
fetzen, ift in der Regel gar nicht nöthig; denn wenn
fie Hunger haben fo laufen fie vom Nefte, frefs
fen und faufen in der Gefchwindigkeit und gehen
fogleich wieder auf ihre Eier. Sollten fie aber zu
lang vom Nefte bleiben, fo kann man ihnen lieber
ihr Futter nebft dem Saufgefchier fo nah an das
Neft ftellen, daß fie es, ohne auffteben zu müffen,
erreichen können. Sollte diefes noch nicht helfen
welches aber nicht zu vermuthen ift, fo kann man
fich noch folgenden Mittels bedienen. Man gebe
ihnen nur ganz fchlechtes Futter, und wenn man
fie alsdann wieder auf ihr Neft bringt, fo fetze man
ihnen Hanfkörner oder etwas Waizen vor; wiederz
hole diefes nur ein paarmal und man wird feben,
daß fie vor ihrem fchlechtern Futter gefchwinde wies
der zu dem beffern ins Neft eilen, und fich wieder
auf die Eier fetzen. Sollten etwa Bruthennen zu ftark
auf das Brüten erpicht feyn, und gar nicht vom Nefte
gehen wollen, fo muß man diefe des Tags einmal bes
hutfam von den Eiern abzehen, fie ein wenig in die
frifche Luft bringen, und unterdeffen ihr Neft reinigen.

Sollte vielleicht auch der Fall eintreten, daß
eine Glucke die ihr untergelegten Eier aupickte, fo
kann man ihr diefes auf folgende Art abgewöhnen.

E 2   Man

Man läßt nemlich ein Ei in Kohlen hart braten, macht alsdann an mehreren Stellen kleine Oeffnungen hinein und hält so das heiße Ei der Henne vor, die sobann gleich hineinpicken und ihren Schnabel verbrennen wird. Hat man dieses ein paarmal wiederholt, so wird sie in der Folge aus lauter Mißtrauen gewiß kein Ei mehr aufhacken wollen. Am besten ist es aber, wenn man solche Hühner gar nicht mehr brüten, jene aber, die vielleicht die Eier gar aussaufen, gleich schlachten läßt. Mehrere Hauswirthe pflegen die Eier zu zeichnen, und sie dann und wann nach diesem Zeichen umzuwenden; allein dieses ist nicht nöthig; denn eine gute Bruthenne wendet die ihr untergelegten Eier, so wie es die Natur erheischt, selbst um; und thut sie dieses nicht, so ists am besten, wenn man sie in der Folge gar nicht mehr zum Brüten bestimmt.

§. 23.

Eine Glucke brütet gewöhnlich drei Wochen oder einundzwanzig Tage, so daß vor dem zwanzigsten Tage die Jungen gewiß nicht auskriechen, so wenig sie auch nach dem zweiundzwanzigsten Tage nachkommen werden. Um zu wissen, ob die der Glucke untergelegten Eier auch wirklich Junge enthalten und ordentlich ausgebrütet werden können, so kann man sie, nachdem sie einige Tage unter den alten gelegen, hervornehmen und untersuchen.

suchen: Man nimmt nemlich entweder nach dem siebenden Tage dergleichen Eier, hält sie, indem man ihre Spitzen zwischen zwei Finger faßt, gegen ein hellbrennendes Licht oder auch gegen die Sonne, und giebt acht, ob noch durchsichtige darunter sind. Findet man wirklich noch durchsichtige, so nimmt man diese weg und legt blos die dunkeln und undurchsichtigen wieder unter; denn diese sind wirklich schon mit einem werdenden Jungen versehen; da hingegen jene, wenn sie auch noch länger unter der Glucke liegen, nichts herausbringen werden; indem sie gewiß nicht gehörig befruchtet sind. Dieses Mittels bedient sich auch unser hiesiger Poularbier Butziger mit dem besten Erfolge; oder man wendet auch folgende Verfahrungsart an: Man nimmt nemlich nach dem eilften oder zwölften Tage der Brutzeit ein Sieb, oder noch besser, eine scharf ausgespannte Kindertrommel, setzt diese an die Sonne, und legt ein Ei nach dem andern darauf. Haben sie einige Minuten gelegen, so werden sich jene, die gut sind, bewegen, und zwar unter ihnen diejenigen am stärksten, welche die meiste Kraft haben, da hingegen diejenigen ganz stille liegen bleiben, welche nicht befruchtet, und bereits faul geworden sind. Die letztern wirft man weg; von jener aber, die sich bewegten, legt man diejenigen, so sich am schwäch-

E 3   sten

sten bewegten, mitten ins Nest, um ihnen hierdurch
mehr Wärme zu verschaffen, und Gelegenheit zu geben, ihre Lebenskraft desto mehr zu entwickeln. Will
man sämmtliche Eier, belebte und unbelebte bis ans
Ende der Brutzeit unter der Glucke liegen lassen, so
hat dieses auch nichts zu sagen. Es ist ja ohnehin
bei den mehrsten Oekonomen der gewöhnliche Fall.

§. 24.

Wunderbar ist die Entwickelung des jungen
Thierchens im Eie. Wir wollen sie hier betrachten.

Sobald das Ei fünf bis sechs Stunden unter
der Bruthenne gelegen, so siehet man schon den
Kopf des Hühnchen, welcher am Rückgrade hängt,
in derjenigen Feuchtigkeit schwimmen, womit das
Bläschen angefüllt ist, welches sich in dem Mittelpunkte der Narbe befindet. Zu Ende des ersten Tags
hat sich der Kopf schon vergrößert und gebogen. Mit
dem Anfange des zweiten Tages bemerkt man
schon die ersten Entwürfe zu den Gelenken und
Wirbelbeinen, die sich wie kleine Kügelchen an den
beiden Seiten der Mitte des Rückgrades vertheilt
haben. Man entdeckt zugleich den Ansatz der Flügel und der Nabelgefäße, die sich blos durch ihre
dunkle Farbe auszeichnen. Den nemlichen Tag entwickeln sich auch der Hals und die Brust; der
Kopf wird immer größer; man bemerkt die ersten
Züge der Augen und drei Bläschen, welche, wie
der

der Rückgrad, mit durchsichtigen Häutchen umge
ben sind. Die Wirksamkeit der Lebenskraft wird
immer bemerklicher; das kleine Herzchen fängt an
zu schlagen, und der Blutumlauf nimmt seinen An
fang. Den dritten Tag sind schon alle Theile grö
ßer geworden, so daß alles viel deutlicher zu unter
scheiden ist. Das merkwürdigste ist aber das Herz.
Dieses hängt außerhalb der Brust und schlägt drei
mal hinter einander, nemlich einmal, um das in
den Adern umlaufende Blut durch das Herzöhrchen
aufzunehmen; das zweitemal, um es in die Puls
adern zurückzuschicken, und das drittemal, um es
in die Nabelgefäße zu treiben. Diese Bewegung
dauert sogar noch 24 Stunden fort, nachdem sich
der erste Ansatz des Küchelchens bereits von dem
Weißen des Eies abgesondert hat. Man bemerkt
auch Blut- und Pulsadern auf dem kleinen Bläs
chen des Gehirns, und die Grundlage des Rücken
marks fängt an, sich längs den Gelenke hin aus
zudehnen. Kurz, man siehet den ganzen Körper
der Frucht gleichsam in einen Theil einer ihn um
gebenden Feuchtigkeit eingewickelt, der mehr Festig
keit als das übrige erhalten hat. — Den vierten
Tag sind die Augen schon viel deutlicher zu bemer
ken. Man kann da schon den Stern oder Aug
apfel, die crystallinische und glasartige Feuchtigkeit
erkennen. Im Kopfe bemerkt man fünf mit Feuch

C 4   tigkeit

tigkeit angefüllte Bläschen, welche, indem sie sich
die folgenden Tage hindurch nach und nach einander nähern, das mit allen seinen Häuten umgebene
Gehirn bilden. Die Flügelchen wachsen, die
Schenkelchen nehmen zu, und der Körper wird
fleischicht. Den fünften Tag wird der ganze Leib
gleichsam mit einem schmierigen Fleische bedeckt,
das Herz in eine sehr dünne Haut verschlossen, und
die Nabelgefäße siehet man aus dem Unterleibe
hervorkommen. Den sechsten Tag fährt der Kern
des Rückgrades, nachdem er sich in zwei Theile getheilt hat, fort, sich der Länge nach auszubreiten;
die Leber legt ihre bisherige weiße Farbe ab, und
nimmt eine dunkle an; das Herzchen schlägt in seinen beiden Kammern; der ganze Leib des jungen
Thierchens wird mit Haut bedeckt, aus welcher die
Federn schon anfangen hervorzukeimen. Den siebenden Tag kann man schon leicht den Schnabel
unterscheiden; das Gehirn, die Flügel, Schenkel
und Füße haben ihre vollkommene Gestalt erlangt.
Die Herzkammern erscheinen als zwei an einander-
hängende Blasen, und man bemerkt zwei auf einander folgende Bewegungen sowohl in den Herz-
als Vorkammern. Am Ende des neunten Tags bemerkt man die Lunge, deren Farbe weißlich ist. —
Den zehnten Tag erhalten die Muskeln der Flügel
ihre gänzliche Ausbildung, die Federn fahren fort
hervor

hervorzukommen, und den eilften Tag schließen sich
die Pulsadern, welche zuvor von dem Herzen ent
fernt waren, an daffelbe an, und dieses unentbehr
liche Werkzeug des Lebens findet man alsdann voll
kommen ausgebildet in zwei Kammern vereinigt. —
Die folgenden Tage entwickeln sich sämmtliche
Theile immer mehr und mehr, so daß am vier
zehnten Tage die Federn ganz hervorgekommen
sind. Den funfzehnden Tag schnappt das Hühn
chen nach Luft, und am neunzehnten Tage ist es
bereits so weit ausgebildet, daß es im Eie pipen
kann, worauf es am zwanzigsten Tage endlich die
Schale aufbricht. Dies Durchbrechen geschieht
nicht durch das Picken des ausgebildeten und nun
mehro reisen Hühnchens allein, sondern auch durch
die Vergrößerung des thierischen Körpers und den
auf dem Obertheile des Schnabels befindlichen har
ten Körper, den man den Schnabelhöker
nennt. Da nun ein Ei mehr oder weniger hart ist,
ein Küchelchen oder Hühnchen mehr oder weniger
Kräfte hat, so kommen auch nicht alle jungen
Thierchen zu gleicher Zeit aus ihrer Hülle, sondern
nach und nach. Merkt man, daß so ein kleines
Thierchen zu lang zubringt, ehe es sich seiner
Schale entledigen kann, so muß man ihm zu Hülfe
kommen. Man klopft nemlich mit einem Schlüssel
leise auf das Ei, vergrößert dadurch den Bruch,

E 5   schlü

74

schlißt die Haut unter der harten Schale entweder
mit einer Stecknadel oder mit einer Scheere behutsam auf und löst so das Küchelchen allmählig von
der Haut und Schale ab, und sollte etwa noch ein
bißchen Schale daran kleben bleiben, so geht diese
entweder durchs Befeuchten mit lauem Wasser, oder
auch nach einigen Tagen von selbst ab.

§. 25.

Wenn die Brutzeit geendigt ist, so nimmt man
die Küchelchen, die bisher noch nichts zu fressen
bekommen haben, aus dem Neste, und setzt sie
nebst der Glucke einen oder auch wohl zwei Tage
lang unter einen Hühnerkorb, welcher, wenn es
etwa kalt ist, mit Werrig oder schlechter Wolle
versehen werden muß. Nachher gewöhnt man sie
allmählig in die Luft. Man setzet sie nemlich mit
der Glucke unter einen unten weiten und oben spitz
zugehenden, von Weiden verfertigten Korb, welcher nahe an der Erde mit kleinen Oeffnungen versehen ist, damit die Jungen Gelegenheit haben,
nach Willkühr aus- und einzulaufen, ohne daß die
Mutter herauskommen kann. In der ersten Woche
füttert man sie mit hartgekochten zerriebenen Gelb-
el, worunter man Brodkrümmchen — aber ja
nicht von ganz frischem Brod — mengt; oder auch
mit Hotten oder Käsematerie, unter die man
gleich-

gleichfalls Brobkrümmchen gemischt hat; oder endlich mit Buchwaizenkrütze oder gestampfter Hirse. Wenn man ihnen die Krütze oder Hirse steif kocht, und kalt zu fressen giebt, so nehmen sie besser zu, als wenn man sie ihnen rohe vorgiebt. Ein steifer kalter Brei von gekochten und zerriebenen Erbsen ist von der nemlichen Wirkung. In der ersten Zeit giebt man ihnen wenig, aber öfters zu fressen, und wechselt hernach mit gekochter Gerste und Waizen ab. Merkt man, daß sie keine rechte Lust zum Fressen haben, so kann man ihnen Brobkrumen in süßer oder geronnener Milch weich machen. Das Wasser zum Saufen sezt man ihnen in kleinen flachen Geschirren vor, damit, wenn sie etwa hineinfallen, nicht ersaufen. Unter das zum Saufen bestimmte Wasser kann man ihnen auch etwas Wassersand thun, welchen sie zur Beförderung der Verdauung verschlucken. Uebrigens führt die Mutter ihre Jungen auf den Mist, scharret ihnen die Körnchen und Würmchen heraus, lockt sie, wenn sie etwas findet, nimmt manchmal ein Körnchen ins Maul, läßt es wieder fallen, und zeigt ihnen so die vorgefundene Nahrung, die sie sich herzlich gern selbst abziehet, sie führet sie, wenn es sonsten nur immer thunlich ist, ins Gras. sezet sich mit ihnen auf die aufgelockerte erwärmte Erde, und läßt sie ganz den Einfluß der wohlthä-
tigen

tigen Sonne genießen. Ja ihre liebevolle Vorsorge für ihre Jungen erstrecket sich so weit, daß sie selbst ihr Ansehen verliert, durch struppige Federn und hängende Flügel sich von den andern Hühnern unterscheidet, und sich jedem, der ihren Kleinen zu nahe kömmt, widersetzet. Sind die Jungen ein Paar Monate unter dem Schutze ihrer zärtchen Mutter geführt worden, können sie nunmehro selbst ausgehen, und sich versorgen, so verläßt sie die Alte, und fängt nun wieder an zu legen.

Ich kann hier eine Bemerkung, die Buch ound nach ihm Krünitz macht, nicht unberührt lassen, obwohl ich hier nicht aus eigner Erfahrung sprechen kann. Wenn man nemlich den Küchelchen, nachdem sie vierzehn Tage alt sind, ein Mengsel von Hafermehl und Theriak, das wie ein loser Teig aussiehet, zu fressen giebt, so sollen sie so zunehmen, daß sie binnen zwei Monaten schon ihr völliges Wachsthum erreicht, und vieles Fett haben.

§. 26.

Um die Hühner entweder gar nicht zum Ausbrüten zu brauchen, und doch junge Küchelchen zu ziehen, oder sie, nachdem sie ausgebrütet haben, gleich wieder als Legehühner zu benutzen, hat man
einige

einige Verfahrungsarten, die wir hier nun noch, um gar nichts zu übergehen, betrachten wollen.

Erstlich kann man sich nach dem Vorschlage einiger Oekonomen, statt der Hühner der ausgedienten Truthühner zum Ausbrüten bedienen. Die Größe und Wärme eines solchen Hahnes macht denselben vorzüglich geschickt, ihm viele Eier unterlegen zu können. Um ihn nun aber auch zum Brüten gehörig zu dressiren, macht man ihm in einer zweckdienlichen Kammer ein ordentliches Brutnest zurecht, versiehet dieses mit Eiern, rauft sodann dem Hahne die großen Federn unter dem Bauche aus, und wäscht den auf solche Art entblößten Ort mit Branntewein, worin man geflossenen Pfeffer vorher eingeweicht hatte; oder peitscht diesen Ort mit jungen Brenneffeln. Dieses Waschen mit Branntewein, oder das Peitschen mit Nesseln verursacht dem Hahne Brennen und Jucken, er bleibt gern auf den ihm untergelegten Eiern sitzen, vorzüglich wenn man ihm etwas Branntewein eingegossen, und sowohl hierdurch, als auch durch die Dunkelheit der Kammer die Sinne gleichsam betäubt hat. Nach vierundzwanzig Stunden kann man ihm nahe beim Nesse Futter und Saufen hinsetzen, und den Brutort, bis der Hahn gefressen, erleuchten, und so mit Füttern täglich fortfahren,

bis

bis das Brüten feine Endschaft erreicht hat, wo
dann der alte Hahn die ausgebrachten Jungen unter feinen Flügeln schützen, und so, wie eine
Henne, führen wird. Bei dieser Methode, die ich
in mehrern ökonomischen Schriften gefunden habe,
fürchte ich immer, der alte Hahn möchte wohl ein
bischen zu ungeschickt feyn, mit feinen Sporn nicht
nur die Eier zerbrechen, sondern überhaupt auch
mit feinen großen Füßen die jungen schwachen Küchelchen zertreten.

§. 27.

Zweitens kann man auch, wenn man Eier
ohne Hennen ausbrüten laffen will, feine Zuflucht
zu der künstlichen Wärme nehmen. Diese Wärme
nun erhält man entweder durch das Feuer, oder
auch durch Pferdemist. Die Aegyptier, denen die
Menschheit unstreitig vielerlei Kenntniffe zu verdanken hat, waren hier unsere Lehrmeister; denn diese
brüten alle Jahr in besonders eingerichteten Oefen,
die sie Mamals nennen, durch Hülfe des
Feuers mehrere Millionen Eier aus, so wie dieses
mehrere Reisende gesehen haben. Die bei ihnen
gebräuchlichen Brutöfen, die etwa neun Fuß hoch
find und größtentheils in der Erde stehen, find von
gebrannten Back- oder Ziegelsteinen gebauet und
erstrecken fich in eine ansehnliche Länge und Breite.

In

In der Mitte derselben ist der Länge nach ein etwa
drei Fuß breiter und neun Fuß hoher bedeckter
Gang, der mithin das ganze Werk in zwei Theile
abtheilt, so daß, wenn man dazwischen hingehet,
man auf jeder Seite eine Mauer hat. Dieser ver-
deckte Gang selbst nun hat vorn beim Eingange eine
Thür, die man ordentlich verschließen kann. Auf
beiden Seiten des Ganges befindet sich nun eine
doppelte Reihe von Kammern, oder, wenn man
will, Brutöfen, nemlich eine Reihe unten auf dem
Boden, und die andere grad über dieser, wovon
dann jede wieder in besondere Zimmer oder Oefen
abgetheilt ist. Jedes Zimmer, welches unten auf
der Erde ist, hat eins von der nemlichen Länge
und Breite grad über sich. Die untern Zimmer
von beiden Seiten sind alle von einerlei Länge,
Breite und Höhe. Ihre Länge beträgt zwölf bis
funfzehn, ihre Breite vier bis fünf, und ihre Höhe
drei Fuß. Ein jedes dieser Zimmer hat seine Thür,
oder sein rundes Loch, welches in den verdeckten
Gang hineingehet, und wodurch ein Mensch mit
genauer Noth kriechen kann. In diesen untern
Zimmern nun, welche in Verbindung mit den
obern ein zusammengesetztes Ganze ausmachen,
werden anfänglich die Eier, welche ausgebrütet werden sollen, und zwar in jedes derselben
wohl fünf bis sieben tausend an der Zahl und
zwar

zwar auf Matten von Stroh, gelegt. Die obern
Zimmer haben auf jeder Seite ihrer ganzen Länge
nach eine Art von Rinne, welche eigentlich statt des
Heerdes, worauf das Feuer angemacht wird, dienen. Der Boden, wodurch die oberen von den untern abgesondert sind, hat in der Mitte ein großes
Loch, wodurch sich die Wärme in die untern zieht.
Nebst diesem hat jedes obere Zimmer noch zwei andere Löcher, nemlich ein ganz kleines oben in dem
Gewölbe, womit der Ofen bedeckt ist, und eins in
der Mauer, wodurch es von dem oben beschriebenen bedeckten Gange getrennt ist. Dieses leztere
dient, wie wir gleichfalls bereits oben bemerkt haben, statt der Thür, es vertritt aber auch zugleich
die Stelle des Kammins; indem es dem Rauche,
der sonst nirgends heraus kann, den Ausgang verstattet; denn so lang das Feuer brennt; verstopft
man das Loch in dem Gewölbe eines jeden Zimmers, so daß demnach der Rauch durch das in den
Gang führende Loch, sodann aber erst durch andere
in dem Dache des Ganges befindliche Löcher gehen
muß. Da nun Holz und Kohlen ein zu heftiges
Feuer geben würden, so bedient man sich des getrockneten und mit Stroh vermischten Küh- Ka-
meel- oder anderer Thiere Mist, wovon man unfern Lohballen ähnliche Kuchen macht; so wie man
dann hierzu in Deutschland auch wohl die bekannten

ten Lohballen brauchen könnte. Wenn das Feuer,
welches man in den Rinnen, die, wie oben bemerkt, die Stelle des Heerdes vertreten, angemacht hat, brennt, so verstopft man auch die Thüren der untern Zimmer oder Oefen, damit sie von
der Wärme, die sie von den obern erhalten, desto
geschwinder und leichter erwärmt werden. Damit
nun diese Zimmer nicht zu warm werden, so läßt
man das Feuer nur eine Stunde des Morgens,
und eine des Abends brennen. Und dieses nennt
man das Mittag- und Abendessen der Küchelchen. Es ist übrigens nicht gebräuchlich, daß
man die Oefen die ganze Brutzeit durchheize; sondern es ist genug, wenn dieses nur acht bis zehn
Tage geschieht; denn nachher haben die Oefen schon
einen Grad der Wärme angenommen, daß man sie
bei Beobachtung einer nur geringen Vorsicht gar
leicht viele Tage hindurch so erhalten kann, ohne
daß der Einfluß der äußern Luft dieselbe merklich
oder auf eine den Küchelchen in den Eiern nach-
theilige Art, vermindern könnte. Dieses ist auch
um so weniger zu bewundern, als das ägyptische
Clima selbst schon dem ganzen Brütungsgeschäfte
auf das vollkommenste entspricht.

Die Eier liegen, wie wir oben sagten, in den
untern Oefen; kömmt nun der Tag, wo man sie

F   hei-

heizen aufhört, so bringt man einen Theil derselben in die obern Oefen, um sie hier zur Bequemlichkeit der in der Folge herauskriechenden Küchelchen weiter aus einander zu legen. Vor allen
Dingen untersucht man jetzt erst die Eier bei dem
Lichte einer Lampe, um zu erfahren, welche Küchelchen enthalten, oder nicht. Erstere bringt man
blos in die obern Oefen. Nun verstopft man alle
Thüren oder Löcher der Zimmer und des Ganges
mit Wulsten von Werrig; verschließt jedoch die
Oeffnungen in den Gewölben der Oefen nur halb,
damit die Luft hinein- und herausgehen könne.
Diese Vorsicht ist hinreichend, um den Ofen viele
Tage lang in seiner Wärme, die er erlangt hat, zu
erhalten; indem man den allzufreien Zutritt der Luft
abhält. Man hat übrigens keine andere Regel, den
Grad der Hitze zu bestimmen, als daß selbige so,
wie in einem Bade seyn muß. Die Eier selbst
rührt man, damit sie gleichmäßige Wärme genießen,
sowohl bei Tag, als in der Nacht einigemal um,
doch so, daß die Hände nur darauf hin und her
geführt werden. Am einundzwanzigsten Tage kriechen die jungen Küchelchen aus, und dann vermindert man die Hitze, weil sonst die jungen Thierchen
sterben würden. Die Küchelchen werden nun auch,
bis sie im Freien herumgehen können, in diesen
gleichsam unterirdischen Zimmern erzogen; denn

hier

hier finden sie am besten die Wärme, die sie sonst
unter den Flügeln der Mutter suchen müßten.

§. 28.

Herr Baumann, der in Rom mit mehrern
Afrikanern gesprochen, beschreibt in seinem Werke,
welches wir noch weiter unten anführen wollen,
noch eine andere Art von ägyptischen Brutöfen.
Er sagt nemlich: „Diese Oefen sind thurmartig,
oder wie Pyramiden oben eng zusammenschließend,
von unten aber weit zugerichtet; unten herum sind
breite Fache, wie große Nester gestaltet, mit vielen
Eiern; ferner in die Höhe kommen etwas engere
Fache, mit weniger Eiern und zuletzt oben darauf ein
einziges, alle mit Eiern gefüllt. Die Fache in den
thurmartigen Oefen stellen gleichsam Oeffnungen von
unsern bekannten sogenannten Ofenröhren vor, worin die Eier liegen, und bei einem allezeit mäßi-
gen Feuer, wovon die Hitze niemals stärker oder
schwächer seyn darf, ausgebrütet werden.”

Will man sich keiner besondern zum Ausbrüten
der Eier errichteten Oefen bedienen, so kann man
auch die Wärme, wodurch die Backöfen und Brau-
pfannen geheizt werden, brauchen, man darf da
nur einen kleinen Verschlag machen und durch Röh-

F 2   ren

84

ten einen Theil der Wärme, der doch verloren
gienge, hineinleiten, auf den vier Seiten des Ver-
schlags Repositoria, wie in Bibliotheken zum Aufstellen der Bücher ¦ machen, sodann viereckichte
lange flache Kästen hineinsetzen, und diese mit Eiern
anfüllen; so wie ich mich dann auch vollkommen
überzeuge, daß unsre Wellöfen, worin wir das
Obst welken, ganz vortrefflich zum Ausbrüten der
Eier verwendet werden können. Man kann da nur
statt des Obstes die Horden, nachdem man etwas
Werrig hineingelegt hat, mit Eiern anfüllen, und
sie so auf den Seiten des Ofens herumstellen, so
wie dies Herr Thom auf dem von Arnimschen
Gute Bolzenburg durch einen Verschlag oder
Schirm um einen gewöhnlichen Kachelofen auf
ähnliche Art gemacht. — Nur ist es nöthig, daß
man dann den gehörigen Grad der Wärme zu geben und zu treffen wisse, so wie wir diesen sogleich
weiter unten bestimmen werden. Gut und ganz
zweckmäßig ist es überhaupt, daß man die Horden
oder auch Kästen in einem Brutzimmer bald höher,
bald niedriger stelle, bald dem Ofen nähere, bald
von ihm entferne, so wie dies eben der vorhandene
Grad der Wärme erheischt.

§. 29.

§. 25.

Will man sich zur Erhaltung der Wärme statt
des Feuers, nach Reaumürs Methode, des
Mistes zum Ausbrüten bedienen, so kann man folgender Gestalt verfahren. Man nimmt nemlich
ein leeres Faß, schlägt den Boden an einer Seite
heraus, oder läßt, wenn man ein solches Faß
ganz neu machen läßt, gleich nur einen Boden hin-
einmachen, kleidet es inwendig mit Papier aus,
und verstehet es oben mit einem wohlpassenden
Deckel. In die Mitte dieses Deckels läßt man ein
großes Loch einschneiden, in welches man das aus-
geschnittene Stück wieder einsetzen kann, um hierdurch in das ganze Faß sehen zu können, und rund
um dieses große Loch läßt man verschiedene andere
kleine Löcher bohren, um sich derselben zur Behandlung der Wärme als Luftlöcher, oder als Register zu bedienen. Dieses Faß nun setzt man mehr,
als drei Viertel von seiner Höhe tief in warmen
Pferdemist, welchen man zwischen vier bloß auf
über einander gesetzten Backsteinen zusammengesetzten
Mauren um das Faß zusammen hält. In das
Faß selbst nun hängt man vermittelst Bindfaden,
die man oben am Faße durch einen Haken befestiget, in gehöriger Entfernung zwei oder drei durchsichtig geflochtene Körbe übereinander; in jeden
derselben legt man zwei Lagen Eier, jedoch so, daß

F 3   die

die oberste Lage aus wenigern bestehe, als die unterste, damit man auch diese sehen könne. Recht gut
und zweckmäßig ist es übrigens auch noch, daß man
in der Mitte eines jeden Korbes ein mit der in der
Mitte des Deckels befindlichen Oeffnung correspon-
direndes Loch anbringt, und sobann durch die obere
Deckelöffnung bis unten in das Faß einen Wärme-
messer (Thermometer) hängt, und so hierdurch
den gehörigen Grad der Wärme bestimmt. Eine
Hauptsache ists, dafür zu sorgen, daß nicht mehr Luft
in das Faß kommen könne, als nöthig ist, um die
zweckdienliche Wärme darin zu erhalten, so daß
diese Wärme zwischen dem 30sten und 34sten Grade
des Reaumurschen oder 96sten des Fahrenheitschen
Wärmemessers zu stehen komme. Nimmt die
Wärme ab, so legt man andern Mist an. Man
läßt aber nie alle vier Seiten auf einmal wieder
voll legen, sondern eine nach der andern, damit
die Wärme nicht zu groß werde. Uebrigens regiert
man die Wärme durch die in dem Deckel befindlichen Löcher oder Register; indem man diese nach
Bedürfniß öffnet oder verstopft. — Hat man
etwa keinen Thermometer, wie dies bei den mehresten Landwirthen wohl der gewöhnlichste Fall seyn
dürfte, so kann man sich selbst einen machen, der
wenigstens bei Bestimmung der zum Ausbrüten der
Eier erforderlichen Wärme hinlängliche Dienste
thut.

thut. Man läßt nemlich ein Stück recht rein aus-
geflößter Butter von der Größe einer wälschen
Nuß und halb so viel Talg mit einander schmelzen,
und gießt es in eine ganz kleine Bouteille, und so
hat man gleich einen Thermometer, der schon den
rechten Grad der Wärme bestimmen wird. Hängt
oder stellt man diese Bouteille nun in den Brutofen,
und die Materie, nemlich die Mischung von Butter und Talg wird so flüssig wie Oel, so ist die
Wärme zu stark; bleibt aber die Materie steif und
dicht, so ist die Wärme zu schwach; erscheint aber
die Materie in der Bouteille wie ein weicher Teig,
und ein Theil davon fließt, wenn man das Glas
neiget, wie ein sehr dicker Syrup, so ist die Wärme grad recht. Will man sich aber von dem Gebrauche eines solchen Thermometers erst recht überzeugen, was für eine Gestalt die Materie bei dem
rechten Grade der Wärme annimmt, so darf man
die kleine Bouteille nur ungefähr eine Viertelstunde
unter der nakten Achsel halten, und wenn man sie
wieder hervorziehet, sogleich achtgeben, in welchem
Zustande die Materie in dem Glase seye, und was
für einen Grad der Flüssigkeit sie angenommen
habe, um sich hiernach in der Folge richten zu können; denn die der Materie unter der Achsel mitge-
theilte Wärme zeigt den Grad der menschlichen
Wärme an, die dann wohl mit der Wärme

F 4

einer

einer brütenden Henne so ziemlich übereinkommen
dürfte. —

Noch ein anderes Mittel Eier ohne Henne
und ohne Einwirkung des Feuers auszubrüten, ist
folgendes: Man nimmt nemlich Tauben, oder
Hühnerkoth, stößt diesen klein und läßt ihn in
einem Kasten, der an einem sehr warmen Orte
steht, durch ein großes Sieb auf einander fallen,
daß er etwas dick zu liegen komme; hierauf legt man
nun zarte Hühnerfedern, und auf diese die Eier.
Hernach schüttet man durch das Sieb noch so viel
Koth auf die Eier, daß sie ganz und gar davon bedeckt sind. In diesem Stande läßt man sie zwei
oder drei Tage ruhig stehen; die folgenden Tage
aber wendet man sie täglich um, fährt so fort, bis
die Küchelchen herauskriechen.

Das Ausbrüten der Eier durch die Dünste
des kochenden Wassers nach Sulzers Versuchen,
oder durchs Lampenfeuer nach Wrens und Beguе-
lins Erfindung, oder vermittelst der Electricität
nach Achards Bemerkungen, dürfte wohl etwas zu
spielend seyn, als daß es hier einer weitläufigen
Auseinandersetzung verdiente.

§. 30.

§. 30.

Wenn nun die Hühnchen ausgebrütet sind, so sind sie noch zu zart, als daß man sie gleich der freien Natur überlassen könnte; sie verlangen noch eine ziemliche lange Zeit unter die erwärmenden Flügel einer Mutter. Herr von Reaumur hat zu diesem Behuf eine sehr zweckmäßige Einrichtung angegeben, die wir nunmehro betrachten wollen. Die ersten 24 Stunden läßt man die jungen Küchelchen in ihren Brutbehältern, sodann aber nimmt man seine Zuflucht zu folgender künstlichen Gluckhenne. Man nimmt nemlich eine etwa zwei Fuß breite und eben so hohe Kiste, deren Länge sich nach der Anzahl Küchelchen richtet, und die man statt eines Deckels mit einem weitläufigen Flechtwerke versiehet. Diese Kiste setzt man nun an einem trocknen Orte in frischen Mist, und zwar so, daß der Mist an dem einen Ende bis an den Rand der Kiste reicht, sodann aber nach und nach so abnimmt, daß das andere Ende der Kiste nur ein paar Zoll hoch darin stehet. Diese Einrichtung bewirkt eine verschiedentlich modificirte Wärme, so daß die Küchelchen, wenn sie es so warm, als unter einer natürlichen Henne haben wollen, sich nur an das wärmste Ende, welches am tiefsten im Miste stehet, begeben dürfen, so wie sie dann auch, wenn es ihnen da zu warm wird, nur wei-

ter

ter vorgehen und jenes Fleckchen suchen können,
das ihnen am besten behagt. An eine mäßige
Stelle setzt man ganz flache Näpfchen mit Futter
und Wasser, und streuet zugleich auch etwas Futter, welches das nemliche ist, so wie wir schon
oben gehabt haben, auf den Boden der Kiste, welches den Küchelchen den Weg zu den Freß- und
Saufnäppchen zeigt. Damit nun aber auch die
jungen Thierchen bei dem Genuß einer gedeiblichen
Wärme jenen sanften behaglichen Druck fühlen,
den ihnen die Flügel einer natürlichen Mutter gewähren, so giebt man ihnen eine künstliche Mutter,
welche die Form eines kleinen Pultes hat, daß
man auf einen Tisch setzen kann, um darauf zu
schreiben. Die Länge und Tiefe derselben ist willkührlich, ihre Breite aber ist grad so, daß man sie
in die Kiste oder sogenannte Gluckhenne stellen
kann. Das Holzwerk dieser Mutter bestehet aus
einem kleinen Rahmen, welcher das Dach derselben ausmacht, und inwendig mit gutem sanften
Pelzwerke ausgefüttert ist, das dann freilich hier
weit elastischer, nachgiebiger und daher sanfter drü-
kend ist, als wenn es auf ein ganzes Bret befestiget
wäre. Dieser mit Pelzwerk, nemlich entweder mit
feinen Schafpelze, Kaninchen- oder auch andern
Fellen ausgefütterte Rahm ruht auf vier Füßen,
wovon die zwei hintersten, zwei, die zwei vorder-
sten

ßen aber sechs bis vier Zoll hoch sind, so daß das
Ganze, wenn man's hinstellt, wie wir auch bereits bemerkt haben, wie ein Pult aussiehet. Die
Füße kann man so daran befestigen, daß man sie
leicht abnehmen und an ihre Stelle andere, so wie
es das Wachsthum der Küchelchen braucht, anbringen kann. Diesen gefütterten Aufenthalt nun,
den wir oben Mutter nannten, stellt man, nachdem man den Deckel der Kiste oder Gluckhenne ab-
gehoben, an jene Stelle derselben, die am tiefsten
im Miste stehet; denn hier ist eigentlich die größte
Wärme. Sezt man nun die Küchelchen in die
Kiste, so werden sie bald nach der ihnen zuberei-
teten Mutter geben. Je weiter sie nun darunter
kriechen, jemehr wird ihr Rücken gegen das
Pelzwerk drücken, und so werden sie sich gewiß
eine Lage suchen, die ihnen am besten behagt.
Haben sie sich genug gewärmet und ausgeruhet, so
werden sie wieder hervorkommen, fressen, saufen,
herumspazieren und dann wieder unter ihre Mutter kriechen. Man kann vorn und hinten auch Vor-
hängchen machen, das jedes Küchelchen leicht weg-
stoßen kann, und so werden sie des Nachts desto
wärmer beisammen sitzen. Zur Sicherheit und Bequemlichkeit der schwächern Küchelchen muß man
sich mit mehreren Gluckhennen und Müttern versehen, wenigstens drei von verschiedener Größe haben.

ben. Die erste ist für die Küchelchen, die erst aus/
gebrütet sind; die zweite ist für jene, so sieben oder
acht Tage alt sind; und endlich die dritte für die,
welche einen Monat gelebt haben. Diese letztere
nennt man, weil die Küchelchen darin gleichsam
entwöhnt oder abgesetzt werden, Absetzer. Daß
diese drei verschiedenen Gluckhennen nebst den da/
zu gehörigen Müttern in Rücksicht ihrer Größe
nach Maasgabe des Wachsthums der Küchelchen,
verschieden sind und auch seyn müssen, ist wohl
ganz natürlich.

Es ist übrigens eben nicht nöthig, daß die
jungen Hühnerchen in dem Absetzer, so wie auch
in der zweiten Gluckhenne den ganzen Tag in dem
Kasten stecken; nein man kann sie bei schönem Wet/
ter auch herausnehmen, sie unter einen großen
Hühnerkorb ohne Boden ins Freie, vorzüglich aber
auf ein Grasfleck stellen, und da füttern; sodann
aber, wenn es anfängt kühl zu werden, wieder in
ihre Gluckhenne bringen, so wie es dann auch
wohl angehet, daß man sie unter dem Hühnerkorbe
durch eine kleine Oeffnung hervorgehen, und ganz
im Freien scharren läßt. Man darf sich nicht fürch/
ten, daß sie sich verlieren werden; denn sie werden
gewiß bald wieder nach dem Korbe, wo sie besse/
res Futter finden, laufen.

§. 31.

§. 31.

Nebst diesen Gluckhennen, die man an einem verschlossenen Orte hat, und ihnen durch Mist ihre gehörige Wärme mittheilt, hat man auch noch andere, die man im Freien anbringen und durch Kohlenhitze erwärmen kann. Diese hat man nun von doppelter Art. Sie stehen nemlich entweder etwas von der Erde erhaben, oder stehen unmittelbar auf derselben. Ihre innere Einrichtung ist die nemliche, wie bei den kaum beschriebenen, nur ist ihr Deckel nicht von Flechtwerk, sondern ganz von Bretern, und an der vordern Seite der Kiste ist ein Gegitter von Drat, oder auch blos von dünnen Stäben, um hierdurch theils Licht, theils auch die nöthige Luft einzulassen. In dem Falle nun, daß die künstliche Gluckhenne etwas von der Erde entfernt ist, hat sie vier Füße, die auch noch mit kleinen Räderchen versehen seyn können, um sie bequem auf dem Hofe dahin zu fahren, wo es am angenehmsten ist. Um nun aber die an dem einen Ende dieser Gluckhenne eingesetzte Mutter gehörig und zwar ohne Mist zu erwärmen, trifft man folgende Einrichtung. Man nagelt unter der Gluckhenne da, wo die Mutter steht, ein Paar Leisten mit einem Falz an; nun läßt man sich von Kupfer, Messing oder auch starkem Eisenbleche ein Kästchen machen,

94

machen, daß grad so lang und breit, als die künstliche Mutter ist. Dieses Kästchen hat vorn auf zwei Seiten einen überstehenden Rand, und auswendig au dem vordern Brete einen Knopf oder Ring. Die überstehenden Ränder dienen dazu, das Kästchen zwischen die unter der Gluckhenne befestigten, mit einem Falze versehenen Leisten zuschieben; die Bestimmung des au dem vordern Brete befindlichen Knopfs oder Rings aber ist, das Kästchen bequem herauszichen zu können. Genug! man stelle sich nur ein kleines Schublädchen vor, und man wird gleich das ganze Ding verstehen. Dieses Kästchen hat an der Seite Löcher, damit es wegen Mangel an Zuge nicht an der zur Erhaltung des Feuers nöthigen Luft fehle. In dieses Kästchen läßt man sich nun noch eins gleichfalls von starkem Eisenbleche und zwar so machen, daß es grad hineinpaßt. Dieses hat an den Seiten ebenfalls kleine Zuglöcher, so wie auch einen durchlöcherten Deckel. Füllt man dieses Kästchen mit guten Kohlen an, bedeckt sie mit Asche, macht den Deckel zu, stellt es sodann in das andere ihm gleichsam zum Futterale bienende Kästchen, und schiebt so dieses zwischen den ausgefalzten Leisten grad unter die in der Gluckhenne befindliche Mutter, so wird diese so erwärmt werden, daß die

Kü

Küchelchen gewiß einen sehr angenehmen Aufenthalt sowohl in der Gluckhenne, als auch unter der
Mutter genießen werden.

Soll die künstliche Gluckhenne unmittelbar auf
der Erde stehen, so fallen die Füße ganz weg, und
sie wird etwas in die Erde und zwar so gesetzt, daß
derjenige Theil derselben, wo die Mutter steht,
grad über ein Loch zu liegen komme. Dieses Loch,
welches so breit als die Mutter ist, und wozu man
von außem leicht kommen kann, dient dazu, daß
man das Kästchen mit Kohlen, oder auch ein sogenanntes Feuerstübchen, die man in hiesiger Gegend
Feuergiecken nennt, hinein und grad unter
die Mutter schieben kann. Man darf eben nicht
glauben, daß man bei diesen zwei Arten von künstlichen Gluckhennen, die durch Feuer erwärmt werden, eben viel Kohlen brauche, oder sonst viele
Mühe habe. Nein; denn ist es warm, so darf
man nur des Morgens und dann des Abends
frische Kohlen in die Kästchen thun; ist es aber
kühl, so muß man dieses freilich des Tags durch
mehrmalen wiederholen, so wie einem hierbei die gesunde Vernunft schon selbst rathen wird. Daß
übrigens alle dergleichen Gluckhennen, wenn sie
im Freien stehen, gegen den Regen und gegen
Wind-

Windſtöße geſichert ſeyn müſſen, verſteht ſich wohl
von ſelbſt, ſo natürlich es auch wohl ſeyn dürfte,
daß man den Hühnerkorb, worunter man die Kü⸗
chelchen ſezt mit einer Mutter, die aber weiter nicht
erwärmt wird, verſehe, und einen von Wachstuch
verfertigten Schirm bereit habe, um dieſen bei ein⸗
tretendem Regen ſogleich auf den Korb zu decken.

§. 32.

Hat man wirkliche, natürliche oder lebendige
Glucken, die ihre untergelegten Eier ausgebrütet
haben, und man will ſie, ohne weiter eine künſtliche
Gluckhenne von vorbeſchriebenen Arten anzuſchaffen,
bald wieder zum Legen zwingen, ſo kann man ſich
auch blos eines Capaunens zur Führung der Jun⸗
gen bedienen. Sobald nemlich die Küchelchen an⸗
fangen auszukriechen, ſo nimmt man einen Ca⸗
paun, rauft ihm am Bauche die Federn aus, peitſcht
dieſen entblößten Theil mit Brenneſſeln, macht
ihn vermittelſt in Branntewein getunkten Brodes
betrunken, ſchläfert ihn mittelſt Bedeckung ſeines
Kopfes unter ſeine eigne Flügel, und ein zirkelar⸗
tiges Schwingen ein, und ſezt ihn, indem man die
Glucke von den Eiern genommen hat, auf das Neſt.
Hier wird er ſitzen bleiben, um ſeinen Rauſch aus⸗
zuſchlafen; die Küchelchen werden unter ihm her⸗
um⸗

amkrabbeln, sich an seinen Leib drücken und sich recht
zu erwärmen suchen. Sobald er seinen Rausch aus»
geschlafen, so wird er die jungen Thierchen bemer»
ken, und sie, da sie sich beschäftigt um ihn bezeigen,
gleich einer Gluckhenne annehmen und sie führen
bis sie erwachsen sind. Ueber die ganze Ausbrü»
tungsmaterie können folgende Schriften mit Vor
theil nachgelesen werden:

1) Krünitz bereits oben angeführte Encyclopädie
26ster Theil unter dem Artikel Hahn.

2) Dessen dritter Theil, unter dem Artikel Aus»
brüten.

3) (Des Herrn von Reaumür) Anweisung, wie
man zu jeder Jahrszeit allerlei zahmes Geflü»
gel entweder vermittelst der Wärme des Mi»
stes, oder des gemeinen Feuers ausbrüten
und aufziehen solle, aus dem Franz. übersetzt
von J. C. Thenn, 2 Theile mit Kupfern.
Augsburg 1767 — 68. Der Titel des Origi»
nals ist folgender: Art de faire éclorre et
d'elever en toute saison des oiseaux domesti-
ques de toutes especes, soit par le moien de
la chaleur du fumier, soit par le moien de

G   telle

celle du feu ordinaire, par Mr. de Reaumus,
à Paris 1749. 2 Bände in gr. 12.

4) Des Hamburgischen Magazins neunzehnten
Bandes zweites Stück, Seite 118—156.

5) Der Abhandlungen der schwedischen Akademie erster Band, wo man Graves Bericht,
wie die Küchelchen in Cairo durch Oefen ausgebrütet werden, finden wird.

6) Christian Baumann: Entdeckte Geheimnisse
der Land- und Hauswirthschaft, für jedes
Land zum Besten aller Innwohner Deutschlands. Zweiter Theil. Wien 1783.

Das

Das dritte Kapitel.

Die Kultur der Tauben.

––––––––––

§. 33.

Die Tauben sind zu bekannt, als daß es nöthig
wäre, hier eine weitläufige Beschreibung davon zu
machen; jedes Kind kennt sie. — Sie sind sowohl
in ihrer äußern Gestalt, Größe, als auch der Farbe
und der Lage ihrer Federn äußerst mannichfaltig.
Sie zeichnen sich übrigens durch ihre außerordentliche Liebe zur Reinlichkeit, durch ihre Geselligkeit,
durch ihre Sanftmuth und Friedfertigkeit, durch
ihre Furchtsamkeit, durch ihre treue Anhänglichkeit
an ihren Gatten vorzüglich aus. Sie putzen und
baden sich; sie legen sich bei einem sanften Regen
auf die Dächer, und fangen da mit ausgebreiteten
Flügeln die Tropfen auf, ihr Nest verunreinigen sie

nie

niemals, so wie dieses auch selbst ihre Jungen nicht
thun. Sie sitzen auf den Dächern beisammen, und
fliegen allemal gern in großer Gesellschaft, vorzüglich wenn ihnen etwas schreckhaftes vorgekommen,
oder wenn sie des Morgens aus ihrer Wohnung
ins Freie gelassen werden; denn da schwärmen
und fliegen sie alle zusammen mehrmalen in einem
Kreise herum, und lassen sich endlich mit einander
an einem Orte nieder. Oft ist ihr Flug ganz pfeil-
artig. Sie lassen es gern geschehen, daß sich beim
Fressen Hühner und Sperlinge in ihre Gesellschaft
mischen, und ihre Mahlzeit mit ihnen verzehren
helfen. Es ist etwas seltenes, wenn sich eine Taube
von ihrem Gatten trennt; selbst eine gegenseitige
Eifersucht sucht die wechselseitige Treue immer mehr
zu befestigen, so daß es einer Taube nur höchst selten einfallen wird, sich von ihrem Gatten zu scheiden; Vielweiberei hat ohnehin bei ihnen nicht
statt. Ihre Einfalt gehet aber auch so weit, daß
sie sich leicht in andere Taubenhäuser locken lassen;
sich unter fremde Flüge mischen, mit diesen auf
ihren Schlag ziehen, und sich fangen lassen.

§. 34.

Ehe wir nun von der Kultur dieser artigen
Thierchen selber handeln, wollen wir erst ihre Ver-
schiedenheit betrachten. Die wilde oder Holz- Fel-
sen-

sen - und Blaulaube dürfte wohl, wie dieses auch Büffon annimmt, die Stammmutter aller übrigen unter die Bothmäßigkeit der Menschen gebrachten Taubenarten seyn, diese aber ihre bewundernswür digen Verschiedenheiten dem veränderten Klima, der Gefangenschaft, dem Futter und mancherlei ande ren Verhältnissen zu verdanken haben. Es ist immer zu bewundern, wie es möglich zu machen war, diese so leichten Vögel von einem so außer ordentlichen schnellen Fluge zu unterjochen, herbei zu ziehen, zu beherbergen, sie zu warten und zu pflegen, und sie zu benutzen, welches freilich bei den übrigen Hausvögeln, die ihr schwerfälliger Flug selbst mehr an die Erde fesselt, nicht so schwer seyn mußte. Wir handeln hier blos von den zah men Tauben, und übergehen die wilden. Wir zählen hieher:

1) Die Feldtaube oder den Feld flüchter.

Diese stehet zwischen den wilden und sogenannten Haustauben gleichsam in der Mitte; denn sie ver wildert leicht wieder, entfernet sich vom Tauben schlage, fliegt auf die entferntesten Aecker, um da selbst ihr Futter zu suchen, sie gewöhnt sich auf Thürme, an andere unzugängliche Orte, ja selbst

G 3   in

in Felsenhöhlen. Sie fliegen mit den wilden Tauben truppweise, sind nur freiwillige Gäste, und es hängt blos von ihnen ab, ihren Aufenthalt mit der Wildniß zu vertauschen. Sie sind unter den Tauben, die man zu halten pflegt, die kleinsten, haben einen glatten Kopf ohne Hauben, nackende Schenkel, und sind von verschiedenen Farben. Findet man welche unter ihnen, die auf dem Kopfe eine Halbhaube, und mit Federn besetzte Füße haben, so sind diese ganz sicher durch die Paarung mit einer andern Taubenart entstanden. Da diese Taubenart sich vom Frühlinge an bis in Herbst ihr Futter selbst auf dem Felde und das zwar mühsam genug auf den Aeckern zusammen sucht, dabei drei bis fünfmal jedesmal ein Paar Junge bringet, so wird sie von den Landwirthen vorzüglich geliebt; aber eben auch sie ist es, die vorzüglich die Strohdächer verdirbt, auf den Feldern und in Gärten so manches Saamenkörnchen holt, und eben daher von manchem mit dem schrecklichsten Fluche belegt wird.

Vorzüglich ist es diese Art von Tauben, die so verschieden in ihren Farben ist, und worauf dann die Taubenliebhaber einen eben so verschiedenen Werth setzen.

Wir

Wir wollen sie daher hier auch in Rücksicht ihrer mannichfaltigen Farben betrachten:

1) Tauben von ganz oder doch wenigstens größtentheils weißer Farbe.

Hierher gehören

a) Ganz weiße. Diese sind zwar schön, sehr reinlich, aber auch sehr weich und zärtlich, fliegen daher nicht gern ins Feld, und sind überdieß auch wegen ihrer weitschimmernden Farbe den Nachstellungen der Raubvögel sehr stark ausgesetzt.

b) Der Schwarzkopf. Diese ist weiß, hat aber, wie auch der Name schon sagt, einen schwarzen Kopf, oft einen schwarzen Hals und Schwanz. Sie ist eine schöne Taube, die viele Liebhaber hat. —

c) Der Rothkopf. Wo der Schwarzkopf schwarz ist, ist diese roth.

d) Der Blaukopf. Die Theile, die bei den zwei vorigen Arten schwarz oder roth sind, sind bei dieser blau.

e) Die Schnippe. Diese hat bald einen schwarzen, bald einen rothen, bald einen blauen Fleck

auf

auf der Stirn, und heißt daher bald Schwarz-
schnippe, bald Rothschnippe, bald Blau-
schnippe. An einigen Orten nennt man sie auch
maskirte oder geschnallte Tauben. Mehr-
rentheils hat sie auch einen Schwanz von der
Farbe des Stirnfleckes, oder der Schnippe.

f) Der Rothbrust. Diese Taube, welche
ganz weiß ist, hat vorn an der Brust einen
rothen Schild. Sieht dieser Schild aber mehr
blau als roth aus, welches sehr oft der Fall ist,
so nennt man sie Blaubrust. Man schätzt sie
gemeiniglich sehr hoch.

g) Der Raiger. Diese ist entweder weiß
und roth, oder weiß und schwarz, oder weiß, roth
und schwarz gesprickelt, bald mehr schüppicht, bald
mehr gedüpfelt, zuweilen auch fabenartig. Man
zählt sie mit unter die fruchtbaren und dauerhaften
Tauben.

a) Tauben von ganz rother, oder doch
größtentheils rother Farbe.

Hierher gehören:
a) Ganz rothe. Diese ist entweder hell-
oder ziegelroth. Da sie nicht selten ist, so wird sie
auch eben nicht besonders geschätzt.

b) Die

b) Die Kupferbraune. Diese hat größtentheils eine weiße Stirn, und heißt alsdann Rothbläffe. Ist der ganze Kopf weiß, so nennt man sie den rothen Weißkopf.

c) Der rothe Weißschwanz. Der Name verräth schon die Farbe und Zeichnung dieser Taube.

d) Die Weisschnippe. Diese ist roth, hat über dem Schnabel vor der Stirn ein weißes Fleck, bisweilen auch einen weißen Schwanz. Man nennt sie auch rothe Weisschnippe.

e) Die Rothgelbe. Die Farbe dieser Taube ist eine Mischung von Roth und Blau, wobei jedoch das Rothe mehr hervorsticht, und die Brust ins Grünliche spielt. Sie ist zwar nicht besonders schön, man schätzt sie aber wegen ihrer Fruchtbarkeit.

3) Tauben von ganz oder doch größtentheils blauer Farbe.

Hierher gehören:

a) Die ganz blaue. Diese gehört wohl zu den gewöhnlichsten Feldflüchtern, wie man sie auf den mehresten Taubenschlägen antrifft. Sie ist fruchtbar, fliegt gern ins Feld, und

G 5   ist

ist auch, da ihre Farbe nicht zu weit leuchtet, den Nachstellungen der Raubvögel nicht so sehr ausgesetzt als die weißen und rothen. Man hat welche unter ihnen mit schwarzen und weißen oder rothen: Strichen auf den Flügeln.

β) Die Blaublässe. Diese ist am ganzen Körper blau, hat aber eine weiße Stirn, und wird ebenfalls unter die nützlichen fruchtbaren Tauben gezählt. — Man hat auch welche, die nebst der weißen Stirn auch weiße Flügel und einen weißen Schwanz haben.

γ) Die genagelte Taube. Diese hat einen blauen Grund und auf demselben schwarze Fleckchen in der Größe eines Nagelkopfes, die sich besonders auf den Flügeln zeigen, und bisweilen auch ins Schwarzbraune spielen, bald rund bald eckicht sind, oder auch wohl die Figur des halben Mondes haben. Sie ist eine gute, fruchtbare und fleißige Taube.

4) Tauben von ganz oder doch größtentheils schwarzer Farbe.

Hierher gehören:

a) Die ganz schwarzen. Je schwarzglänzender diese sind, je höher schätzt man sie. Sie

sind

sind seltener, als man glauben sollte; denn sie fallen mehrentheils ins Blaue und Röthliche.

b) Der schwarze Weißstrich. Diese Taube ist schwarz und hat weiße Striche über die Flügel. Sie ist nicht so selten, als die glänzend-schwarze.

c) Der schwarze Weißschwanz. Diese ist ganz schwarz, hat aber, wie auch ihr Name selbst sagt, einen weißen Schwanz.

d) Der schwarze Weißkopf. Ihr Name verkündigt schon ihre Farbe und Zeichnung. Hat sie statt des weißen Kopfs blos eine weiße Stirn, so nennt man sie Schwarzbläße.

e) Die gestaarte Taube. Die Grundfarbe dieser Taube ist schwarz, sie ist aber wie ein Staar am ganzen Leibe weißgesprengt.

f) Der gestaarte Weißstrich. Diese Taube hat auf der Brust einen weißgesprengten Schild wie die Staaren, und auf den Flügeln weiße Striche.

5) Tau

3) Tauben von vermischter Farbe.

Hierher gehören:

a) Die Schwarzgeschuppten. Ihre Grundfarbe ist schwarz und die Schuppen sind weiß.

b) Die Rothgeschuppten. Die Schuppen dieser Taube fallen etwas ins Rothbraune, und bilden so eigentlich das, was man karpfenschuppicht nennt; daher dann diese Taube auch den Namen die karpfenschuppichte Taube hat. —

c) Die getiegerte Taube. Diese, welche man gleich kurz weg Tiger nennt, ist nach ihrer Grundfarbe weiß, hat aber auf dieser Grundfarbe kleine schwarze mit etwas Braun vermischte Dupfen, die auf dem ganzen Körper gleich weit von einander stehen, außer daß der Kopf und Schwanz bisweilen mehr schwarz als die übrigen Theile sind.

d) Die Schildtaube. Diese, welche größtentheils weiß ist, hat auf dem Rücken eine andere Farbe, als an den übrigen Theilen ihres Körpers.

e) Die

e) Die Stelchtaube. Diese weiße Taube hat ihren Namen von der schwarzen Zeichnung ihrer Flügel und ihres Schwanzes.

f) Die gedachete Taube. Diese ist ganz weiß, ihre Flügel aber sind entweder blau, schwarz oder roth. Sie heißt daher auch entweder blau schwarz, oder rothgedachet.

§. 35.

II. Die eigentliche Haustaube.

Diese ist weit zahmer als die vorige, sie pflegt für sich alleine nicht auf das Feld zu fliegen, sondern will in ihrem Schlage, oder doch im Hofe gefüttert seyn. Füttert man sie aber nicht gehörig, so leistet sie auch den Feldflüchtern bisweilen Gesellschaft, und gewöhnt sich auch wohl den Feldbesuch an.

Die vorzüglichsten Spielarten von dieser Gattung sind nun folgende:

1) Die Mond- oder Monatstaube. Man hat zweierlei Arten, die unter diesem Namen bekannt sind.

Die

Die erstere ist unsere allbekannte Haus- oder Latschtaube, die nicht viel größer als unser Feldflüchter ist. Sie heckt sehr gut, hat aber das mit allen Latschtauben gemein, daß sich an ihre befiederten Füße leicht Haare anhängen, die dann bewirken, daß sich die noch ganz jungen Tauben darin verwickeln, und so von der alten mit aus dem Neste geschleppt werden.

Die zweite Art ist fast noch halb so groß, als die Feldtaube. Sie bringt das ganze Jahr hindurch, die Mausezeit und den kältesten Winter ausgenommen, fast alle Monate Junge. Eben dieses ist es aber auch, warum man sie vorzüglich schätzt. Das sicherste Kennzeichen dieser Taubenart ist, daß sie alle einen rothen Faden um das Auge haben.

Spielarten davon sind:

a) Die türkische Taube.

Diese, die man auch die arabische oder persische Taube nennt, ist groß, gehaubt, hat einen mittelmäßigen Schnabel, dessen Nasenhaut höckerig, aufgeblasen, rauh und weiß überpudert ist, und einen breiten kahlen warzigen rothen Augenkreis. Sie ist gewöhnlich schwarz, doch hat man auch eisenfarbige, Isabell- und Weinsuppenfarbige. Sie sind überhaupt sehr plump und entfernen sich nicht

nicht von ihrem Haufe. Man hält fie wohl zum
Vergnügen, aber gewiß nicht zum Nuzen. In
der Türkei foll man fie zur Beftellung der Briefe
gebrauchen, und fie daher Brieftauben nennen.
Allein diefes kann man auch mit unfern Feldflüch=
tern. Man darf nur eine mit auf einen benachbar=
ten Ort nehmen, ihr ein Briefchen anhängen, und
fie fodann fliegen laffen, und fich dabei verfichert
halten, daß fie bald damit auf ihrem Schlage feyn
wird.

b) Die große Höckertaube oder Pa=
gabotte.

Diefe, welche man fo wie die türkifche Taube in
unferer Gegend Pabtotte nennt, ift beinahe fo
groß, als eine Zwerghenne von der kleinen Art,
hat einen krummen Schnabel, auf den Nafenlö=
chern ftehet ein warziger und weißgepuderter Höcker
in Geftalt einer Spitzmorchel, die Augen umgiebt
ein breiter weißwarziger Kreis, und der Kopf ift
unbehaubt. Sie vermehren fich fchwer und in gerin=
ger Anzahl; ihre Hauptfarbe ift ebenfalls fchwarz,
doch giebt es auch welche von weißer, von ifabell=
und rother Farbe u. d. gl. Auch fie dienen mehr
zum Vergnügen, als Nuzen.

c) Die

c) Die römische Taube.

Diese ist nicht völlig so groß, als die türkische, hat keine Haube, aber eben so große Flügel, als die türkische. Man hat von ihr schwarze, dunkelgraue und gefleckte.

2) Die Trommeltaube.

Diese, welche noch etwas größer als die gemeine Haustaube ist, und einen größern und stärkern Kopf hat, der mit einer Haube versehen ist, hat ihren Namen von ihrer Stimme, die wie eine von fern gerührte Trommel lautet. Ihr Vaterland ist noch streitig. Einige geben Rußland, andere England, und noch andere Italien dafür an. Ihr Schnabel ist kurz und dicke, und oft mit einer sogenannten Schneppe oder aufwärts vorgebogen stehenden Busche von zarten Federn, welchen man an einigen Orten Rischel nennt, fast bedeckt. Ihre Füße sind über und über mit Federn bewachsen, so daß sie oft kaum dafür gehen kann. Sie fliegt schwer und hat eine gute Anlage zum Fettwerden. Man hält sie mit für die fruchtbarste; denn auch sie hat sehr oft Eier und Junge zu einer Zeit, sie vernachläßigt aber aus lauter Trägheit sehr oft ihre Jungen, so daß der Fruchtbarkeit ungeachtet, doch eben nicht viel von ihr zu erwarten ist.

§. 36.

§. 36.

3) Die Pfauentaube.

Diese, welche in unserer Gegend Hühner‑
schwanz genennt wird, ist etwas größer als eine
Feldtaube. Sie hat ihren Namen daher, weil sie
ihren Schwanz wie der Pfau oder vielmehr, wie
eine Henne, hohl aufheben und ausbreiten kann.
Wenn sie den Schwanz aufhebt, so schlägt sie ihn
vorwärts, und da sie zu gleicher Zeit den Kopf zu‑
rückziehet, berührt solcher den Schwanz. Bei die‑
sem Ausbreiten des Schwanzes, welches größten‑
theils zur Stunde des Verliebtseyns geschiehet, zit‑
tert die Taube, welches vermuthlich von dem Ar‑
beiten der Muskeln herrührt. Ihr breiter Schwanz
bewirkt, daß sie im Fluge oft vom Winde fortge‑
trieben, oder wohl gar auch auf die Erde geschleu‑
dert wird, so wie sie sich dann beim Winde auch
mit Mühe kaum auf den Dächern halten kann.
Man hat von ihr ganz weiße und auch weiße mit
schwarzem Kopfe und Schwanze. Man hält sie übri‑
gens aber mehr des Vergnügens als Nutzens wegen.

4) Das Mövchen, oder die Taube mit der Halskrause.

Diese ist kaum so groß als eine Turteltaube mit
einem kleinen Schnabel und einer Reihe auswärts
gesträubter Federn, von der Kehle bis zur Brust,

H   welche

welche bem Täubchen ein gar schönes Ansehen verschaffen. Man hat sie von allerhand Farben, wo dann die weißen auf ihren Flügeln noch mit einem rothen oder blauen Schilde geziert sind. — Auch diese niedlichen Thierchen hält man mehr zum Vergnügen, als zum Nutzen.

5) Die Strupp- oder krause Taube.
Diese ist von der Größe der Trommeltaube, und alle kleine Federn, zuweilen auch die hintern Schwungfedern, und die Schwanzfedern stehen in die Höhe und vorwärts, wie an den Strupphühnern, welches dann auch bewirkt, daß sie nicht gut fliegen können.

6) Die Taube mit dem Schwalbenschwanz.
Diese hat die Größe einer gemeinen Feldtaube, nur ist sie etwas gestreckter, und hat einen gabelförmigen Schwanz wie eine Schwalbe. Man nennt sie auch die nürnberger Taube.

7) Die Kropftaube.
Diese hat ihren Namen von ihrem Kropfe, den sie so aufblasen kann, daß er so groß als ihr ganzer Körper wird. Dieses Aufblasen zwingt sie aber auch, den Kopf ganz zurückzulegen, und sich so

des

des Vermögens zu berauben, grade vor sich zu
sehen, daher sie dann auch, da ohnehin ihr ganzes
schwerfälliges Wesen noch dazu kömmt, sehr leicht
von Raubvögeln erwischt werden kann. Da sie sich
übrigens auch in Hinsicht auf Fruchtbarkeit eben
nicht besonders auszeichnet, so dürfte man sie des
Nutzens wegen wohl nicht halten wollen; es sey
dann, daß man ihr deswegen einen Vorzug ein-
räumen möchte, weil man, wenn man sie braten
will, ungemein viel in ihren Kropf füllen kann,

In Rücksicht der Farbe hat man von ihr folgende Abänderungen:

a) Die Gelbfahle.
Unter diesen ist das Männchen oder der Tauber
sehr schön; denn er hat bunte Flecken, welche dem
Weibchen oder der Taube fehlen.-

b) Die Isabellfarbige. Auch hier ist
der Tauber buntfarbig, die Taube aber nicht.

c) Die Weiße. Diese, welche mit die gewöhnlichste ist, ist so weis wie der Schwan.

d) Die Weiße, Rauchfüßige, mit langen
Flügeln, welche sich über dem Schwanze durch-

H 2.   fren-

kreuzen, und so bewirken, daß die Rundung des Halses abgeschnitten erscheint.

e) Die Stahlgrüne mit grauen Streifen und Bändern.

f) Die Sanftgraue, deren Gefieder einförmig über den ganzen Körper ist.

g) Die Hyacinten, deren blaue Farbe ins Weißliche sticht.

h) Die feuerfarbige Taube, die an jeder Feder einen braunen und rothen Querstrich, und am Ende jeder Feder einen schwarzen Rand hat.

i) Die Nußbraune.

k) Die Kastanienbraune mit ganz weißen Schwungfedern.

l) Die Mohrenkropftaube mit einer schönen Sammetschwärze und zehn weißen Schwungfedern.

m) Die Schieferfarbige mit weißen Flügeln oder Schwingen.

§. 37.

§. 37.

8) Die Mönchstaube.

Diese, welche man auch Kapptauben oder Mönche
nennt, sind etwas größer als die gemeinen Feld,
flüchter, haben am Hinterkopfe vorwärts ge,
krümmte Federn, und einen weißen Scheitel, übri,
gen ist ihre Farbe roth, blau, schwarz ıc. Man
schätzt die schwarzen mit zwei weißen Flügeln, so
wie auch die rothen oder gelben mit und ohne
weißen Schwänzen vorzüglich. Man hat auch un,
ter den Feldflüchtern welche, die wegen einer ähn,
lichen Kappe ebenfalls Mönche genennt werden.
Vielleicht haben diese ihr Daseyn der Paarung eines
Feldflüchters mit einer der kaum beschriebenen ei,
gentlichen Mönchstaube zu verdanken.

9) Die holländische Muscheltaube.
Diese ist so groß als die Mönchstaube, aber schlan,
ker. Die vorwärts gebogenen Federn am Hinter,
kopfe laufen etwas an der Seite des Halses herab,
stehen aber nicht so dichte, als bei der Mönch,
taube, und bilden eine Art von Muschel. Sie
sind ganz weiß, nur Kopf und Vorderhals und
mehrentheils auch der Schwanz haben andere Far
ben. Wenn sie einen gelben, braunen oder schwar
zen Kopf und Hals haben, der Schwanz mag übri,

H 3   gens

gens von weißer oder gelber Farbe seyn, so hält
man sie für schön.

10) Die Nonnen, oder die Schleier-
taube.

Diese ist größer, als die oben beschriebene Trommeltaube, und man nennt sie auch Zopftaube,
Kragentaube, und Perückentaube. Sie
hat einen kurzen Schnabel, und von der Muschel-
haube des Hinterkopfs, die eine Art von Kapuze
bildet, laufen an beiden Seiten des Halses bis zur
Brust verkehrte lange Federn, wie ein Schleier
oder Halstuch herab, die dem Vogel ein ganz eigenes Ansehen geben. Man hat unter ihnen ganz
weiße, rothe, isabellfarbene, gefleckte und schwarze.
Wenn die schwarzen einen weißen Kopf und weiße
Flügelspitzen haben, so nennt man sie Mohren-
tauben. Diese hecken nicht so gut, wie die andern; die weißen aber sollen unter ihnen die besten
seyn.

11) Die Maskentaube.

Diese, welche man auch die Brilltaube nennt,
ist von der Größe eines Feldflüchters, und hat
ihren Namen daher, weil sie durch einen schwarzen, blauen oder rothen Pinselstrich über den

Schna-

Schnabel bis zur Mitte des Kopfes gleichsam
masquirt ist. Sie ist grad so gestaltet und gezeichnet, als jene, die wir unter den Feldflüchtern die
Schnippe nennten. Entweder die Schwanz-
oder Schwungfedern haben mit der Schnippe oder
Stirnfleckchen einerlei Farbe. Man hält unter
ihnen die mit rothen oder schwarzen Flügeln für
die schönsten.

12) Die Schweizertaube.

Diese nennt man auch Staarenhälse und
Pleureusen. Sie ist von der Größe eines Feldflüchters, hat auch einen eben so schnellen Flug
als diese, und hat ein Halsband, welches auf der
Brust gleichsam einen weißpunktirten Harnisch bildet. Oft hat sie auch zwei Bänder auf den Flügeln, die die Farbe des Bruststücks haben. — Sie
ist hier eben das, was wir bei den Feldflüchtern
den gestaarten Weißstrich nennten.

13) Die Purzeltaube oder der
Tümmler.

Diese hat einen glatten Kopf und die Gestalt und
Größe der Feldtaube. Sie fliegt hoch und stürzt
sich in gerader Linie blitzschnell herab, indem sie
sich während des Falles immer überburzelt; und
eben hierdurch den Raubvögeln entgehet.

H 4   14) Die

14) Die Klatsch- Schlag- oder Wer-
betaube.

Diese drehet sich im Fluge in die Runde, und
klatscht mit ihren Flügeln so heftig, daß man glauben sollte, eine starke Klapper zu hören. Sie
schlägt bisweilen so heftig mit den Flügeln, daß sie
sich oft einige Schwungfedern zerbricht, und auf
die Erde herabstürzt. —

15) Die Karmelitertaube.

Diese dürfte wohl die niedrigste und kleinste von
allen unsern Tauben seyn. Sie hat ganz kurze mit
langen Federn bewachsene Füße, und scheint gleichsam auf dem Bauche zu ruhen. Sie hat am Hinterkopfe einen kleinen Federbusch.

Dieses dürften wohl die vorzüglichsten Arten
von Tauben seyn, ohnerachtet nicht zu bezweifeln
ist, daß durch Vermischung der verschiedenen Gattungen unter einander noch mancherlei Spielarten
entstehen können.

§. 38.

Jetzt kennen wir die verschiedenen Arten von
Tauben; nun wollen wir auch ihre Wohnungen
betrachten. —

Die

Die sogenannten Haustauben, sie mögen Na
men haben wie sie wollen, wohnen gern in der
Nähe ihrer Versorger. Sie bekommen ihr tägli
ches Futter um so richtiger, indem sie, da man sie
beständig vor Augen hat, nicht so leicht vergessen
werden können. Uebrigens ist es ihnen einerlei,
ob ihre Wohnung in der Höhe oder niedrig ange
bracht ist, sie gewöhnen sich zu einem, wie zum
andern; nur gewährt ihnen eine mehr niedrig an
gebrachte Wohnung mehr Schuz vor den Raubvö
geln, und überhaupt einen wärmern Aufenthalt,
welcher dann bewirkt, daß sie auch in den Winter
monaten, wenn es nicht zu kalt ist, hecken. Sehr
angenehm ist es übrigens für sie, wenn sie in der
Nachbarschaft ihrer Wohnung einen geräumigen
leeren Plaz auf der Erde, und einen seichten Fluß
haben; denn sie gehen bei gutem Wetter gern spa
zieren und baden sich auch gern.

Ganz anders aber verhält es sich mit den Feld
tauben oder Feldflüchtern. Diese wohnen am lieb
sten in der Höhe, sind gern dem Felde nahe und
lieben überhaupt eine freie Aussicht. Sie sehen
da vom Frühling an, bis in den Herbst, wenn
von Zeit zu Zeit etwas angesäet wird, und können
da gleich, nach Vollendung der Aussaat, ihren
Besuch abstatten. Man siehet auch, daß Tauben,

H 5

wenn

142

wenn im Frühjahre die Saat- oder Bestellzeit eintritt, ihre sonst gute Wohnung verlassen, ihren
Aufenthalt auf hohen Thürmen suchen, und dann
im Herbst wieder zurückkehren, so wie sie sich dann,
wie allbekannt, bei niedrigen Wohnungen gar zu
gern auf die Straße gewöhnen und ihre Nahrung
auf dem Felde zu holen, vergessen. — Ja, sie
werden nach und nach so kirre, daß sie einem, ohne
aufzufliegen, nur ganz gemächlich aus dem Wege
gehen. —

§. 39.

Die Taubenwohnungen selbst sind nun verschieden, vorzüglich aber von dreierlei Art. Man
hat nemlich:

   a) Taubenkasten.
   b) Taubenhäuser und
   c) Taubenschläge.

  a) Die Taubenkasten.
Diese, die man in Sachsen auch Köten, bei uns
aber Taubenhöhlen nennt, sind nicht anders,
als länglichviereckichte aus Bretern zusammenge-
schlagene und an den Wänden reihenweis über einander befestigte Kästen, die inwendig mit Durch-
zügen, am vordern Theile aber mit eingeschnitte-
nen Fluglöchern und Tritten versehen sind. Da
sie

sie an den Wänden fest anliegen, so bedürfen sie
keiner Rückböden; denn die Wand vertritt schon
die Stelle von diesen. Jede Reihe dieser Kästen
ist gemeiniglich einer halben Elle breit und beinahe,
doch nicht ganz so hoch; jedes Fach aber eine Elle
lang. Mitten in jedes Fach schneidet man das
Flugloch ein, und dieses kann rund, viereckicht
oder auch bogenförmig, nur muß es so groß seyn,
daß eine Taube bequem heraus- und hineingehen
kann, mithin eine Viertelelle hoch und ein Achtel
breit seyn. Grad unter dem Flugloche kann man
entweder das Bodenbret eine Viertelelle weit her-
ausstehen lassen, oder auch eine Latte von dieser
Breite vornageln, damit die Tauben auch einen
ordentlichen Tritt haben, und vor ihren Fächern
hin und her spazieren gehen können. Von diesen
Kästen setzet man nun gewöhnlich so viele Reihen
auf einander, als theils die Gelegenheit des Orts
verstattet, theils auch die Menge der Tauben, die
man zu halten gedenket, erheischt.

Vorsichtsregeln, die man bei der Anlegung dieser Art von Taubenwohnungen anzuwenden hat,
sind folgende:

1) Wenn es nur immer seyn kann, so lege
man sie jedesmal gegen Morgen, nie aber gegen
Abend

124

Abend an; denn in dem leztern Falle würden die
Höhlen von dem Schlagregen durchnäßt werden,
und die Tauben überhaupt viel leiden müssen.

2) Da, wo sie an der Wand anliegen, schmie-
ret man alle Ritzen mit Leimen oder Kalk zu, um
hierdurch der Zugluft, die für die jungen Täubchen
sehr nachtheilig seyn könnte, den Weg zu versperren. —

3) Die oberste Reihe der Kästen versehe man
mit einem leichten etwas weit überstehenden Dä-
chelchen, damit weder Regen noch Schnee dieselben treffen kann. —

Diese Art von Taubenwohnungen, die man
hier auf allen Dörfern antrifft, hat viel Gutes,
aber auch viel Unvollkommenes.

Das Gute ist:
1) Sie kosten nicht viel, können da angebracht
werden, wo man sich sonst gar nicht einfallen
lassen darf, ein Taubenhaus hin zu bringen; versperren mithin weder den Hofraum wie die Taubenhäuser, noch den Dachboden, wie die Taubenschläge.

2) Hecken

2) Hecken die Tauben wegen der Dunkelheit
der Höhlen außerordentlich gern darin.

Die Unvollkommenheiten sind:

a) Sie sind etwas zu kalt für die Tauben; und
man kann dem Eindringen des Schnees nicht ganz
vollkommen wehren.

b) Die Tauben genießen einer allzu wilden
Freiheit darin. Man weiß niemals gewiß, von
wie vielen Paaren man sich Herr nennen kann;
und man ist nicht wohl im Stande, sich von einer
Alten Muster zu machen, so wie dieses wohl ganz
natürlich seyn möchte.

c) Man kann sie weniger so gut und gemächlich säubern, noch die Jungen so bequem ausnehmen, als dieses der Fall bei den Taubenschlägen ist.

d) Man kann die Tauben nicht so ordentlich
füttern, als im Taubenschlage, welches vorzüglich
im Winter, wenn es sehr kalt ist, und Schnee
liegt, eintritt.

Wenn man nun alle die Unvollkommenheiten
gegen das Gute, welches einem die Köten oder

Tau-

Taubenhöhlen gewähren, hält, so dürfte wohl das
Urtheil nicht für sie ausfallen.

§. 40.

b) Die Taubenhäuser.

Diese, welche ebenfalls in hiesiger Gegend
sehr gewöhnlich sind, nennt man auch Tauben=
räder, und im Oesterreichischen Taubenkobel.
Sie bestehen blos aus einem kleinen, bald vier=
bald sechs= bald achteckichten Hause, das entweder
auf einer oder auf mehrern etwa zehn bis zwölf
Schuh hohen Säulen ruhet und sein eigenes Dach
hat. Man bauet sie gewöhnlich auf einen freien
Platz mitten in den Hof, und wo möglich grad über
den Mistpful; denn man glaubt, hierdurch den Zu=
tritt von Mardern, Iltissen und Katzen zu verhin=
dern, und das Taubenhaus, weil die Gewalt der
Kälte in die Mistjauche oder Mistlache falle, wär=
mer zu erhalten, als andere. Ob aber der schöne
Zweck erreicht werde, das glaube ich platterdings
nicht; denn erstens werden im Sommer die Mar=
der und Iltisse durchwaden oder durchschwimmen,
im Winter aber bei Froste, da sie ohnehin am
hungrigsten sind, ganz gemächlich darüber hinspa=
zieren und ihren Braten holen: und zweitens ist es
eine ganz bekannte und ausgemachte Wahrheit,
daß Wohnungen von jeder Art nahe bei oder über
dem

dem Waffer bei weitem viel kälter find, als jene,
die davon entfernt liegen. Man wird demnach gar
nicht nöthig haben, gleichsam einen Deich von
Mistjauche auf dem Hofe zu leiden, um ein Taubenhaus darüber zu bauen, sondern man wird gewiß als ordentlicher Oekonom, diesen fruchtbaren
Extrakt des Mistes auf eine zweckdienlichere Art
zu benutzen wissen. —

Wenn man ein solches Taubenhaus genau betrachtet, so wird man finden, daß es weiter nichts
als eine Zusammensetzung von denen im vorigen
Paragraph beschriebenen Taubenköten oder Höhlen seye, so daß demnach hiervon das nemliche zu
sagen ist, was wir von den Höhlen gesagt haben. —
Man hat jedoch auch dergleichen, deren innere Einrichtung den Taubenschlägen, wovon wir sogleich
handeln werden, ganz gleich kömmt. Eine Hauptsache bei Anlegung dieser Art von Taubenwohnungen ist, daß man sie dahin bauet, wo man sie aus
den Fenstern seiner Wohnstube beständig übersehen
kann; denn da hat man Gelegenheit, alles zu beobachten, was mit den Tauben vorgehet.

§. 41.
c) Die Taubenschläge.
Diese sind nun meines Erachtens die besten.
Auch sie trifft man hier auf allen Dörfern an.
Man

Man bringt sie, vorzüglich wenn sie für Feldflüchter bestimmt sind, gewöhnlich in dem obersten
Theile des Hauses unter dem Dache an. Man
läßt da nemlich entweder eine ordentliche Wand
durchführen, oder auch nur einen Verschlag von
Bretern machen, so daß das Ganze eine Art von
Kammer bildet) den Fußboden läßt man, wie den
Boden eines Zimmers, ordentlich mit Bretern bele-
gen, damit ihn die Tauben nicht durchs Scharren
verderben, und keine Federn durchdringen können,
welche die auf dem darunter befindlichen Fruchtbo-
den aufgeschütteten Früchte leicht verunreinigen
könnten; recht gut ist es, wenn man da, wo die
Fußbreter zusammengefügt sind, Leisten darüber
nagelt, um hierdurch alle Ritze zu verstopfen.
Wenn man es so einrichten kann, daß das Flugloch, welches man am besten an der Giebelseite
oder auch, wenn dieses nicht seyn kann, zum Dache
herausbringt, grad gegen Morgen oder Mittag
gehet, so ist dieses am besten; denn die Tauben
lieben die Sonne, und legen sich gern so, daß sie
den Einfluß ihrer Strahlen ganz genießen können.
Die Mitternacht- und Abendseite sind nicht empfehlungswürdig; denn von Mitternacht bringen
die kalten Nordwinde, und von Abend die Schlagregen zu leicht und stark ein. Man sehe übrigens
nur darauf, daß das Flugloch keinem andern Gebäude

Laube oder Dache so nahe sey, daß Katzen, Mar=
der oder Iltisse von oben herab oder von den Sei=
ten herüber auf die hervorstehenden Latten oder Arme
springen und sich in den Schlag einschleichen können.

Das Flugloch selbst darf man nicht unmittel=
bar auf dem platten Boden des Taubenschlags an=
bringen, sondern ein Paar Fuß über denselben er=
höhen, damit die Jungen, wenn sie aus den Ne=
stern kriechen, nicht, ehe sie fliegen können, heraus=
gehen, herabglitschen, und so durch einen unglück=
lichen Fall auf die Erde ihr Leben einbüßen. Da=
mit nun die Tauben auch vor dem Schlage herum=
spazieren, sich setzen, umsehen und sonnen können,
so bringt man grad vor und neben dem Schlag
schmale Latten oder Arme an, die man theils in dem
untern Querbalken des Fluglochs, theils auch in der
Giebelwand, oder im Dache befestiget, nachdem nem=
lich das Flugloch zum Giebel oder zum Dache her=
ausgehet. In jedem Falle thut man wohl, wenn
man diese Latten auch ein Stück zum Taubenhause
hineingehen läßt. Im Fluglche befestiget man ein
Bretchen, das den Tauben beim Eingehen zum
Standpunkte dient, und über das Flugloch nagelt
man in Gestalt eines kleinen Daches ein sogenann=
tes Schutzbret; um hierdurch den Tauben Gelegen=
heit zu geben, desto bequemer herumlaufen und sich

J   im

im Trocknen verweilen zu können. Um nun aber
auch die Tauben vor nächtlichen räuberischen Besuch zu sichern, und sie sonst nöthigenfalls einzu-
sperren, so muß man den Taubenschlag auch ordentlich verschließen können. Zu diesem Ende
bringt man entweder ein sogenanntes Fallfenster
oder ein Zugbret an. Im ersten Falle muß das
Flugloch zwei Fuß ins Quadrat haben, das einzu-
setzende Fenster aber in zwei gleiche Theile getheilt
seyn, wovon der oberste fest ist, der unterste aber
wie ein Schieber in die Höhe gezogen werden
kann. Von diesem Schieber führt man sodann
eine Schnure in die Höhe über ein Röllchen, von
da durch den Taubenschlag und so weiter in das
Haus, so weit als man will, dann wieder über ein
Röllchen, und nun grad herunter in oder vor die
Wohnstube, wo man dann den Schlag nach Belieben verschließen oder öffnen kann. Unten bindet
man die Schnure entweder an einen Nagel feste
oder hängt ein Gewicht daran, das grad so schwer
ist, daß, wenn man es über sich läßt, sich das
Fenster schließt und geschlossen bleibt, und offen
bleibt, wenn man es niederzieht, so daß demnach
das Gewicht grad so schwer seyn muß, als das
Fenster; denn nur das Gleichgewicht macht, daß
das Fenster, ohne daß man das Gewicht hebt oder
zieht, weder zufallen, noch in die Höhe gehen
kann.

kann. Man kann übrigens an den Fensterschieber des Fluglochs ein Gewicht hängen, um hierdurch zu bewirken, daß es schneller und gewisser zufällt, und nicht so leicht von einem Marder oder Iltis gehoben werden kann, so wie man überhaupt sehr wohl thut, wenn man das ganze Fenster mit einem ordentlichen Dratgitter überzieht; denn da kann, wenn etwa eine Scheibe zu Grunde gehen sollte, kein Raubzeug einbringen.

Im zweiten Falle, wenn man nemlich statt eines Fensters ein Zugbret vor das Loch anbringen will, wie dies der gewöhnlichste Fall ist, so kann die Oeffnung nur 20 Zoll breit und 12 Zoll hoch seyn; das Bret schneidet man dann nach Maßgabe dieser Oeffnung zu und befestiget es dann auf dem Boden des Fluglochs mit eisernen Bändern, so daß es sich an diesen wie eine liegende Thür, wenn man es hebt oder aufzieht, bewegen läßt. Oben in die Mitte dieses Bretes, welches auswendig vor dem Flugloche liegt, befestiget man eine Schnure, und führt sie so, wie wir bei dem Fallfenster bemerkt haben, über sachdienlich angebrachte Röllchen an ihren zum Aufziehen bestimmten Ort. Der Unterschied zwischen diesem Zugbrete und dem Fenster äußert sich in folgendem:

1) Wenn

1) Wenn man an der am Fenster befestigten
Schnure zog, so öffnete sich das Fenster; das
Flugbret hingegen verschließt die zum Ausgange
der Tauben bestimmte Oeffnung, wenn man an der
Schnure zieht.

2) Wenn auch wirklich das Fallfenster ganz verschlossen war, so blieb doch der Taubenschlag helle,
da er hingegen beim Verschließen mit dem Zugbrete
ganz dunkel wird. Es ist daher beim Gebrauche
des Flugbretes nöthig, daß man irgendwo im Taubenhause ein mit einem Dratgitter versehenes Fensterchen anbringe.

§. 42.

Da sich der Taubenschlag nun, nach den bisherigen Bemerkungen unmittelbar unter dem
Dache befindet, so dringt nicht nur die Kälte stark
ein, sondern die Marder und Iltisse können auch
auf dem Dache herumspazieren, eine oder die andere Ziegel aufheben, oder, wenn es ein Stroh-
dach ist, ein Loch durchgraben, sich in den Taubenschlag schleichen und so eine ziemliche Verwüstung
abstellen. Um allen diesen Unvollkommenheiten nun
vorzukommen, thut man sehr wohl, wenn man
das Dach inwendig entweder mit Mauerkalch über-
streichen, oder dasselbe mit Bretern verschlagen

oder

ober vertäfeln läßt. In diesem leßteren Falle aber
muß man den leeren Raum, der zwischen dem
Dache und den Bretern entsteht, mit Wachholder,
reisern, Flachsanchen mit vielen Glasstücken ver,
mischt, ausfüllen, damit nicht etwa Raßen und
Mäuse da einen angenehmen Aufenthalt finden.
Die Thüre, wodurch man aus dem Hause in den
Schlag steigt, muß wohl verschlossen werden kön,
nen, so daß weder Raubzeug darunter, darüber
oder an ihrer Seite weg hineinkann. Damit man
aber auch die Tauben, ohne die Thür zu öffnen,
und sie dadurch zu beunruhigen, ordentlich beob,
achten könne, so thut man wohl, wenn man in die
Mitte der Thür ein kleines viereckiges Loch macht,
und dieses mit einem Vorschieber versieht, den
man, wenn man durchlauschen will, zurückschie,
ben, und nachdem man seinen Zweck erreicht, wie,
der vorrücken kann.

§. 43.

Nun ist es vor allen Dingen noch nöthig, daß
man den Taubenschlag hinlänglich mit Nestern ver,
sehe. Die Nester selbst können von mancherlei
Art, von Holz, von Stroh, von Erde und von
Stein seyn. Wir wollen hier alle diese Arten be,
trachten:

J 3   2) Die

134

1) **Die hölzernen Taubennester.**
Diese sind entweder von Bretern zusammen ge=
schlagen, oder von Weiden in Gestalt eines kleinen
Korbs geflochten.

Im ersten Falle stellt man an der Wand, wo
man die Nester anbringen will, aufrecht 8 Zoll
breite Breter hin, die man oben, in der Mitte und
unten befestiget, und zwar so, daß jedes Bret von
dem andern vierzehn bis sechzehn Zoll entfernt
steht. Sodann läßt man zwischen diese aufrecht
stehenden Breter, vom Boden an bis oben hin,
Querbreter entweder einfalzen, oder über angena=
gelte Leisten einschieben, so, daß jedesmal eins 16
Zoll über dem andern liegt. Damit nun die jun=
gen Tauben, die in der Folge in diesen Fächerchen
ausgebrütet werden, nicht etwa herausfallen, so
läßt man vor jedes Fach eine etwa fünf Zoll hohe
Leiste, und zwar dergestalt annageln, daß das
Querbret, welches eigentlich den Boden des Nestes
ausmacht, wenn man das Nest reinigen will, dar=
unter herausgezogen werden kann. Das Ganze
stellt überhaupt ein Fächerrepositorium vor, wel=
ches in lauter Fächerchen abgetheilt ist. Man
kann auch einzelne Fächerchen zwischen die Dach=
sparren befestigen, und sie so zu Nestern bestimmen,
so wie man denn auch mitten im Taubenschlage
eine

eine Wand aufrichten und diese auf beiden Seiten
mit vorbeschriebenen Nestern versehen kann. Diese
Nester haben den Vortheil, daß man erstens sehr
viele derselben auf einen Taubenschlag bringen,
zweitens daß eine Taube ihre brütende Nachbarin
nicht sehen und so nicht beunruhigen kann. — Die
von Weiden geflochtene Nester kann man sich entweder selbst verfertigen, oder sie vom Korbmacher
machen lassen. Die Hauptsache ist nur, daß sie die
gehörige Tiefe und Weite haben, damit eine Taube
bequem darauf sitzen und brüten kann, und die Jungen nicht herausfallen. Diese Nester nun befestiget
man entweder mit Nägeln, eisernen Haken oder auch
mit Bindfaden an die Latten oder Sparren des
Daches. Will man dieses nicht, so kann man an
den Seiten des Taubenschlags jedesmal zwei lange
Stangen oder Latten neben einander befestigen und
die Nester dazwischen hängen.

2) Die strohernen Taubennester.
Diese kann man entweder von Leuten, die sich mit
Verfertigung der Bienenkörbe abgeben, machen
lassen, oder auch selbst verfertigen. Auf große
Zierrathen kömmts hier nicht an. Will man sie
sich selbst verfertigen, so nimmt man nur einen hölzernen Reif, der so groß ist, als das Nest werden
soll; an die Rundung befestiget man mit Bindfa-

den Stroh, welches man etwas um den Reif bie-
get, und zwar so, daß kein strohleerer Raum an
dem Reife bleibt. Dieses gleichsam in einem Kreise
herabhängende Stroh bindet man nun fest zusammen, und schneidet dann die unter dem Verbande
wegstehenden Aehren ab. So wird dann das auf
diese Art verfertigte Nest eine spitze Strohkappe
vorstellen, die man grad so, wie die Nester von
Weiden im Taubenschlage herum vertheilen kann.
Nur ist zu bemerken, daß grad die gehörige Tiefe
des Nestes herauskomme. Da nun diese Nester,
da man sie selbst machen kann, nicht viel kosten,
selbst auch, wenn sie ausgedient haben, das
Stroh nicht verloren geht, indem man dieses in
den Mist werfen kann, so kann man ihnen gewiß
seinen Beifall nicht versagen.

3) Die irdenen und steinernen Taubennester.

Die irdenen Taubennester kann man vom Töpfer
machen, die steinernen aber von Stein aushauen
lassen. Da aber beide Arten sowohl im Frühjahre,
als auch im Herbste zu kalt sind, so kann ich sie unmöglich empfehlen. Daß man übrigens alle Arten
von Taubennestern von verschiedener Form machen
lassen, und doch den Zweck der Ausbrütung dabei
erreichen kann, versteht sich wohl von selbst; nur
muß

muß man nie die goldene Regel der Sparsamkeit, die bei jedem Zweige der Oekonomie Plaz greift, aus dem Auge lassen, und diese heißt: Suche mit dem möglichst sparsamen Aufwande dein vorgestecktes Ziel aufs vollkommenste zu erreichen.

Um der Tauben jede Art von Bequemlichkeit zu verschaffen, so kann man ihren Schlag auch noch mit Sitzstangen versehen. Diese bringt man nun entweder quer durch den Schlag, oder, wie man es sonst gut findet, an. Damit man aber, wenn man etwa etwas auf dem Schlage vornehmen will, nicht genöthigt sey, jedesmal über diese Stangen wegzusteigen, oder darunter wegzukriechen, so schiebt oder hängt man sie blos ein; denn da kann man sie sehr bequem aus, oder abheben, wie man es eben für nöthig hält.

§. 44.

Da einem nun oft daran gelegen ist, gewisse Gattungen von Tauben, um schöne und besondere Arten zu bekommen, mit Gewalt zusammen zu paaren, welches aber in dem Taubenschlage, wo alles unter einander ist, nicht geht, so muß man entweder in dem Taubenhause, oder außerhalb desselben,

J 5

138

felben, nemlich im Haufe etliche kleine Behältniffe
oder Verschläge haben. Diese Behältniffe können
blos aus Bretern bestehen, etwa drei Schuh ins
Quabrat groß und dann an der vordern Seite ent
weder mit einem hölzernen, oder auch mit einem
Dratgitter versehen seyn, um hierdurch die noth
wendige Helligkeit zu verschaffen.

§. 45.

Da wir nun die verschiedenen Arten von Tau
ben sowohl, als auch ihre Wohnungen kennen, so
wollen wir nunmehro zum Ankauf derselben, so wie
zu ihrer Wartung und Pflege selbst schreiten. Wenn
man sich jene Gattung von Tauben, die man zu
besitzen wünscht, gewählt hat, so dürfte wohl noch
die Hauptfrage seyn:

**Wann soll man sich selbe ankaufen
und herbeiholen?**

Ich glaube, der Herbst und das Frühjahr möchten
wohl die besten Jahreszeiten zum Taubenankauf
seyn; denn zu diesen Zeiten lassen sich die Tauben
am besten an ihren neuen Aufenthalt gewöhnen.
Wir wollen hier überhaupt folgende Regeln fest
setzen:

a) Wenn man sich Tauben ankauft, so wähle
man sie ja nicht aus dem nemlichen Orte, wo man
wohnt,

wohnt, noch aus einem gar zu nahe gelegenen,
sondern lieber aus einem mehr entfernten; denn die
Tauben sehen sonst mit ihrem ohnehin sehr scharfen Gesichte ihre alte Wohnung und fliegen gewöhnlich wieder dahin; es sey dann, daß sie, wenn
man sie kauft, noch jung sind, und noch nicht ge-
flogen haben. Ich weiß ein Beispiel, daß ein ganzer Schlag voll Tauben, der nach Göttingen war
verkauft worden, in einem Tage wieder in seine
alte fünf Stunden entlegene Heimath zurückkehrte.
Am besten dürfte es daher wohl seyn, wenn man
seine Tauben an einem solchen Orte kauft, wohin
sie von ihren neuen Wohnplätzen wegen Geblrgen
und Waldungen keine Aussicht haben.

b) Suche man die Tauben aus solchen Schlägen zu bekommen, die in Rücksicht ihrer Höhe mit
jenen so ziemlich übereinkommen, worauf sie in der
Folge wohnen sollen; denn kauft man Tauben, die
ihre Wohnung auf einem hohen Hause hatten und
eine weite schöne Aussicht genossen, und will sie in
eine Wohnung bringen, die in einem niedrigen
Hause angelegt, und eine sehr beschränkte Aussicht
gewährt, so gewöhnen sich die Tauben nicht leicht,
sondern sie suchen entweder den Weg nach ihrer
alten Heimath, oder schlagen ihre Wohnung auf
einem

einem Kirchthurm auf, oder gesellen sich in eben dem Orte zu einem andern Fluge, der eine Woh- nung hat, die mit ihrer vorigen mehr übereinkömmt.

c) Man kaufe sich, wenn es sonst nur immer möglich ist, nicht etwa ein, zwei oder drei Paar Tauben; denn diese bleiben höchst ungern in ihrer neuen Wohnung, vorzüglich, wenn man sie aus einem zahlreichen Fluge genommen hat. Hier wird ihnen, als sehr geselligen Thierchen, die Einsam- keit lästig, und sie suchen größere Gesellschaften.

d) Man kaufe grad so viel Tauber, als Täu- binnen. Dieses bewirkt, daß beim künftigen Paa- ren keine einzelne übrig bleibt, und etwa unter einer fremden Gesellschaft einen Gatten sucht. Wenn man mit einem ehrlichen Manne zu thun hat, der einem die bereits gepaarten Tauben gleich vom Schlage verkauft, so hat man hier weiter nichts zu besorgen; kauft man sie aber auf dem Taubenmarkte, da muß man sichs manchmal gefal- len lassen, daß man eine Täubin statt des Täubers bekömmt. Hier ist es nun nöthig, daß man die Merkmale weiß, wornach man beide Geschlechter von einander unterscheiden kann. Diese Merkmale sind nun folgende:

1) Der

1) Der Tauber hat einen etwas kürzern Hals als die Täubin; die Täubin auch etwas längere Beine, als der Tauber.

2) Wenn man den Tauber mit angedrückten Flügeln in der Hand auf und nieder schwingt, so senkt er den freigelassenen Schwanz allemal niederwärts; da ihn hingegen die Täubin in diesem Falle aufwärts erhebt.

3) Wenn man den Tauber in der Hand hat, ihn beim Schnabel vorwärts ziehet, so zieht er den Kopf an sich, die Täubin hingegen läßt ihn gern nach. —

4) Wenn man einen Tauber bei den Flügeln hält, und ihm mit der Hand vorn an der Brust herunter bis an die Füße streicht, so wird er die Füße an sich halten; da sie hingegen die Täubin herab- und auch wohl gar ein bischen so hängen läßt.

5) Wenn man einen Tauber, den man in der Hand hat, neckt, und thut, als wenn man ihn hinwerfen wollte, so brummt er, die Täubin hingegen verhält sich ganz still.

6) Wenn man eine Taube unter dem Steiße visitirt und man findet, daß die Schaamknochen,

die.

die man an manchen Orten auch die Legebein=
chen nennt, enge geschlossen sind, so ist die Taube
ein Täuber, sind sie aber mehr offen und bleßsa=
mer, so ist es eine Täubin.

7) Endlich ist der Tauber gewöhnlich etwas
größer und an der Brust glänzender, als die
Täubin. —

e) Wenn man die Tauben im Herbste kauft,
wo sie vielleicht nicht mehr hecken, so sperre man sie
etliche Wochen in den Schlag, ohne sie heraus zu
lassen und füttere sie dabei tüchtig; sodann aber
lasse man sie das erstemal entweder Abends, oder an
einem Regen= oder sonst trüben Tage heraus; denn
des Abends verlassen sie ihre neue Wohnung nicht
mehr so leicht, und gehen gern wieder zurück; an
Regentagen aber, oder wenn es sonst trübes Wetter
ist, verfliegen sie sich nicht weit, sondern machen sich
vorzüglich nur mit der örtlichen Lage ihrer neuen
Heimath und Wohnung bekannt.

f) Kauft man Tauben im Frühlinge, z. B.
in der Fasten, wo es wirklich auch am rathsamsten
ist, an, so sperre man sie so lang ein, bis sie sich
gepaart, Eier gelegt und Junge herausgebracht
haben. Ich habe mehrmalen bemerkt, daß neu
ange=

angelaufte Tauben, ungeachtet sie bereits Eier hatten, doch ihre neue Wohnung verließen, das sie aber nicht thaten, sobald sie Junge hatten.

g) Da die Tauben nebst ihrem gewöhnlichen Futter, vorzüglich noch nach salzhaltigen Sachen gehen, und in dieser Rücksicht gern an alten Laismenwänden, Mauern und Abtritten, wo die Sonne aus dem abgelaufenen Urine schon ein Salz abgesondert hat, hacken, so mache man ihnen, um ihnen diese Art von Speise näher zu bringen, und sie hierdurch desto mehr für ihre Wohnung zu gewinnen, eine besondere **Beize** oder **Sulze**, wie man sie auch nennt. Wir wollen hier einige derselben vorlegen:

Erste Art von Sulze.

Man nehme Eberwurzel,

Liebstöckel,

Anis und

Fenchel,

von jedem gleich viel, mache alles dieses zu einem feinen Pulver, vermische es mit fein gesiebten alten Backofenlaimen; mische entweder Kochsalz oder Heringslake darunter, mache hieraus indem man, wenn man keine Heringslake hat, Wasser zugießt, einen steifen Teig, schlage diesen in drei Schuh lange, halb

so

so breite und acht Zoll hohe Kästen ein, und stelle
sodann diese, nachdem die Masse trocken geworden,
entweder in den Taubenschlag, oder auswendig das
vor, gleich neben das Flugloch.

Zweite Art von Sulze.

Man nehme:

> fein zerriebenen und durchgesiebten Back-
> ofenlaimen, Wiesenkümmel, mische bei-
> des wohl unter einander, gieße Wasser,
> worin Salz aufgelößt worden, dazu,
> arbeite alles wohl durcheinander, mache
> es zu einem steifen Teige, drücke es,
> wie vorbeschrieben, in einen Kasten und
> stelle diese gleichfalls bemerkter Maßen
> hin.

Dritte Art von Sulze.

Man nehme:

> klaren gesiebten Backofenlaimen,
> Hanffaamen vier Hände voll,
> Anis,
> Wiesenkümmel, } von jedem ein Loth,
> Eberwurzn,
> Kochsalz, eine Hand voll,
> Branntewein, ein Trinkglas voll,

mische

mische alles dieses wohl unter einander, gieße
Urin dazu, mache die ganze Masse zu einem Teige,
und verfahre, wie kaum gemeldet worden.

Vierte Art von Sulze.

Man nehme:

Gesiebten Ofenlaimen,
gepülverte Eberwurzel,
Honig,
Salzwasser oder Heringslacke,
Urin,

arbeite alles dieses recht durch einander, und be-
reite es zu, wie oben gelehrt worden.

Fünfte Art von Sulze.

Man nehme:

Backofenlaimen,
Honig,
Kümmel,
Hafer,
Käse,
Senf,

knete dieses unter Zugießen von Salzwasser tüchtig
durcheinander, mache einen Teig daraus, thue es
in ein ledenes Gefäß, lasse es im Backofen backen,
und setze es sodann in den Taubenschlag.

K   In

146

In Rückficht des Verhältnisses und des Ge
wichts der verschiedenen Ingredienzien, woraus
man die Sulzen verfertiget, braucht man eben
nicht ängstlich zu seyn; denn das thut hier wenig
zur Sache. So viel ist gewiß, daß Tauben sich
gern da aufhalten, wo sie solche Lockspeise finden,
so wie ihnen dann dergleichen salzige Gerichte wohl
zur Gesundheit dienen möchten. Man hat auch
vorgeschlagen: Man solle den Tauben bisweilen
Anis zu fressen geben, oder ihnen nur einige Tropfen Anisöl unter die Flügel schmieren; dieses
würde dann bewirken, daß sie nicht nur fleißig
wiederkämen, sondern in ihrer Gesellschaft auch
wohl noch fremde Gäste mitbrächten, die man dann
wegfangen könnte. Ob dieses gut ist, weiß ich
aus Erfahrung nicht. —

Man hat noch mehrere Arten von Sulzen;
allein ich glaube, wenn man eine von den vorbeschriebenen, und sollte es auch die einfachste seyn,
anwendet, so sey dieses schon hinlänglich, seinen
Zweck zu erreichen.

§. 46.

Die angeschafften Tauben wollen nun auch
fressen; es ist daher nöthig, daß man einen Vorrath von Futter habe, und dann bei dem Füttern
einen

einen Unterschied in Rücksicht der Jahrszeit mache.
Daß sich die Tauben von Körnern nähren, ist
eine ganz bekannte Sache; allein nicht jede Art
von Körnern oder Sackfrüchten ist gleich gut, wie
dieses wohl jedem praktischen Taubenliebhaber bekannt seyn dürfte. Wir wollen hier nur diejenigen
Sackfrüchte betrachten, die zum Taubenfutter dienen können. Hierher gehören:

1) Der Waizen.

Da dieser aber gewöhnlich zu theuer ist, so
giebt man ihn den Tauben nicht.

2) Das Heidekorn oder der Buchwaizen.

Dieser ist ein gutes, gesundes und auch in
Rücksicht des Preises ein vortheilhaftes Taubenfutter. —

3) Die Wicken.

Diese dürften wohl mit das vortrefflichste
Taubenfutter seyn. Die Tauben fressen sie nicht
nur gern, sondern hecken auch gut darnach. Es
war in meinen Knabenjahren immer meine größte
Freude, wenn ich in meinem väterlichen Hause
einen Hut voll Wicken auf die Seite transportiren,
und meinen Tauben auf ihren Schlag schleppen
konnte. Es ist Schade, daß diese Frucht als Tau-

ben-

148

benfutter ein bißchen zu theuer ist; denn sie steht gewöhnlich mit dem Roggen in einem Preise.

4) Der Roggen.

Wenn dieser recht reif und gehörig ausgetrocknet ist, so ist er ebenfalls ein gutes Taubenfutter; ist er aber nicht recht reif, oder noch nicht gehörig eingetrocknet, so bekommen die jungen Tauben, die von den alten damit gefüttert werden, die Blattern, wie dieß zur Erndtezeit bei den Jungen der Feldflüchter allgemein der Fall ist. Uebrigens ist den Taubenliebhabern der Roggen auch zu theuer, als daß sie ihn den Tauben vorwerfen sollten. —

5) Die Gerste.

Diese ist ein sehr gutes und nahrhaftes Taubenfutter, bei dessen Genusse die Tauben recht fleißig hecken.

6) Der Hafer.

Dieser ist ein geringes Taubenfutter, welches man den Tauben im Winter und im Frühjahre giebt, ehe sie legen und brüten; denn er kann den Jungen, die von den Alten damit gefüttert werden, wegen seiner Spitzen, nachtheilig werden. Gewöhnlich giebt man ihn den Tauben im Frühjahre, damit

damit sie durch ein nahrhafteres Futter gereizt
nicht etwa zu bald legen und brüten, weil in diesem Falle die jungen Tauben zu leicht vor Kälte
erstarren und zu Grunde gehen würden.

7) Die Erbsen.

Diese sind ein ganz vortreffliches nahrhaftes
und gesundes Taubenfutter. · Nur die jungen können
sie, wenn sie erst anfangen selbst zu fressen, nicht
wohl genießen, weil sie für ihre kleinen und zarten
Schnäbel noch zu groß sind.

8) Leinsaamen.

Daß diesen die Tauben gern fressen, bemerkt
man am besten, wenn man zur Zeit der Leinsaat
junge Tauben ißt; denn da hat ihr Fleisch ganz
den ekelhaften Geschmack des Leinöls.

9) Der Hanfsaamen.

Diesen fressen zwar die Tauben recht gern;
allein man giebt ihn denselben nur äußerst selten,
und zwar vorzüglich nur im Frühjahre, wenn man
will, daß sich die Tauben frühzeitig treiben sollen;
denn Hanf macht hitzig und geil.

10) Der türkische Waizen oder Mays.

Ehe die Tauben diese Frucht kennen, wollen
sie nicht recht dran; wenn sie aber einmal damit ·

bei

bekannt find, so fressen sie sie außerordentlich gern.
Ich muß hierbei eine kleine Bemerkung machen,
die auch auf die Erbsen angewendet werden kann.
Manche Tauben haben es im Gebrauche, daß sie
sogleich, wenn sie ihr Futter verschluckt haben, es
ihren Jungen eintrichtern und sie so damit füttern,
ohne abzuwarten, bis die Körner in ihrem Kropfe
gehörig gequollen sind. Ist dieses nun auch der
Fall beim Genuß des türkischen Waizens und der
Erbsen, und die jungen Tauben bekommen von
den Alten die ungequollenen Körner in ihr Kröpf-
chen, so daß sie da erst quellen müssen, so geschieht es bisweilen, daß den Jungen ihre Kröpf-
chen platzen.

11) Die gekochten, kaltgewordenen und
zerdrückten Kartoffeln.

Diese sind nach einer im Hannöverischen Ma-
gazin vom Jahre 1771 angeführten Bemerkung,
ein ganz vortreffliches Taubenfutter für den Winter. —

Dieses wären nun jene Früchte, welche als
Taubenfutter verwendet werden können, und die
sich die Feldflüchter auch selbst von dem Felde
holen.

Im

Am gewöhnlichsten aber macht man es in der
Oekonomie folgender Gestalt: Man nimmt nemlich
bei jedem Aufheben oder Aufsacken der gedrosche=
nen Früchte das schlechteste und leichtste, welches
man an manchen Orten auch Hinterfrucht
nennt, thut dieses bei Seite, mischt nachher von
allen Sorten unter einander, und giebt es so nach
und nach den Tauben zu fressen.

§. 47.

Was nun das Füttern selbst betrifft, so richtet
man sich hier sowohl nach den verschiedenen Arten
der Tauben, als auch nach den verschiedenen Jahrs=
zeiten. Die Haus= oder Hoftauben, die wir nach
ihren mannichfaltigen Arten oben haben kennen ge=
lernt, wollen das ganze Jahr hindurch, nemlich
Winter und Sommer gefüttert seyn, die Feldtau=
ben oder Feldflüchter hingegen nur im Winter, und
im Sommer zu der Zeit, wo alle Früchte aufge=
gangen, und noch keine reif sind, so wie dann
endlich auch an manchen Orten zur Saatzeit, im
Frühling und Herbste, wo nemlich zu diesen Zeiten
die Tauben auf obrigkeitlichen Befehl eingesperrt
werden müssen. Dieses letzte ist aber in den we=
nigsten Provinzen der Fall, und er kann es auch
um so weniger seyn, als eines Theils die Tauben=
zucht im Allgemeinen äußerst selten übertrieben ist,

und

und anderntheils die Tauben gewöhniglich nur das
von dem Felde holen, was über der Erde, auf
Steinen und harten Wegen liegt, welches ohne
dieses doch nicht keimen und aufgehen würde; denn
jeder praktische Oekonom wird aus eigener Erfahrung und Ueberzeugung gestehen müssen, daß im
Allgemeinen eine ungeheure Menge von Saamen
platterdings nicht untergeegt werden kann, mithin
verloren gehen muß.

Obschon sich nun alle Arten von Tauben begnügen, wenn sie alle vierundzwanzig Stunden
einmal gefüttert werden, so ist es doch immer besser, wenn man das Futter theilt, und es ihnen
auf zweimal; nemlich Morgens und Abends giebt,
welches zur Brutzeit, und wenn schon Junge vorhanden; ohnehin nothwendig ist. Das Füttern
geschiehet nun theils in dem Taubenschlage selbst,
oder auf einem freien saubern Platze auf dem Hofe,
oder endlich auf einem vor einem Fenster angebrach-
ten Brete. Das erste, welches bei Taubenschlägen
thunlich ist, ist das beste; denn man gewöhnt hierdurch die Tauben am sichersten an ihre Wohnung.
Das zweite muß man bei den Taubenhöhlen oder
... en, so wie auch bei den auf ähnliche Art zusam-
... gesezten Taubenhäusern oder Kobeln anwen-
... sich es aber auch gefallen lassen, daß sich die
Hüh-

Hühner und Sperlinge mit unter die Tauben mischen, und ihnen ihr Futter wegfreſſen. Das dritte
aber, nemlich das Füttern auf einem Brete, kann
nur da Platz greifen, wenn man wenige Tauben
hat. In jedem Falle aber, man mag füttern wo
man will, iſt es nöthig, daß man das Futter nicht
auf einen Haufen werfe, ſondern es hübſch um-
herſtreue, damit ſich die Tauben nicht ſo ſehr
drängen müſſen, ſondern ſich gehörig ausbreiten
können.

In Rückſicht der Menge des Futters, das
man den Tauben vorgeben muß, richtet man ſich
ſowohl nach ihrer Anzahl und Größe, als auch nach
der Güte der Frucht und nach der Beſchaffenheit
der Witterung. Auf jedes Paar Feldflüchter rech-
net man täglich eine Mannshand voll nahrhaftes
Futter; auf große Hof- oder Hausstauben hingegen
etwas mehr, ſo wie man dann von der Gerſte den
vierten Theil, von Hafer aber die Hälfte mehr
braucht als von Wicken, Erbſen oder türkiſchen
Waizen. Iſt die Witterung gelinde, ſo kann man
noch etwas abbrechen, iſt ſie aber rauh und kalt,
ſo muß man noch etwas zulegen. Haben die Tauben, die man füttert, bereits Junge, die ſchon ſo
ziemlich angewachſen ſind, ſo muß man auch dieſe
noch mit in Anſchlag bringen; denn da müſſen die

K 5   Al-

154

Alten einen Theil ihrer genommenen Nahrung wieder hingeben.

Ueberhaupt muß man vorzüglich am Ende des
Januars oder Anfang des Februars mit dem Füttern etwas behutsam seyn; denn füttert man sie da
zu gut, so paaren sich die Tauben, fangen an sich
zu treiben und Eier zu legen. Tritt nun nachher
kalte Witterung ein, die Jungen kommen heraus,
so erstarren und erfrieren sie, und so geht dann die
erste Brut größtentheils verloren.

Um die Tauben nun ordentlich zum Füttern
versammlen zu können, ist es nöthig, daß man sie
an ein gewisses Zeichen, welches man ihnen zur
Fütterungszeit giebt, gewöhnt. Das gewöhnlichste
nun, wodurch man sie herbei lockt, ist bekanntlich
das Pfeifen. Sind sie einmal hieran gewöhnt, so
kommen sie gleich von allen Dächern, oder wo sie
sich sonst aufhalten an dem bestimmten Fütterungs-
platze zusammen, wo sich dann freilich gewöhnlich
fremde Tauben mit einschleichen, und die Mahlzeit
mit den Eingesessenen theilen.

§. 48.
Wenn die Tauben gehörig gefüttert werden, so
werden sie auch nicht ermangeln sich zu paaren, und
zu

zu ihrer Vermehrung anzuschicken. Da nun das
willkührliche Paaren, wo sich nemlich ein Paar
Tauben nach eigener Neigung mit einander verbin-
det, oft nicht so nach den Wünschen des Tauben-
liebhabers geschieht, indem sich mehrmalen schön
gezeichnete Tauben mit schlechtern vereinigen, und
so Junge von geringerm Werth hervorbringen, so
hat man das sogenannte gezwungene Paaren ein-
geführt. Man sperrt nemlich diejenigen Tauben,
welche man gern zusammen gepaart hätte, in ein
hinlänglich geräumiges Behältniß, das aus blosem
hölzernen Gitterwerke zusammengesezt ist, und giebt
ihnen hinlängliches gutes Futter, unter welches
man auch etwas Hanffaamen mischen kann. Der
Tauber wird sich dann gleich in der ersten Viertelstunde regen, und die Täubin kurrend in dem Behältniß herumtreiben, die Täubin aber den Tauber
ganz kalt aufnehmen, und die grösste Abneigung
gegen ihn zeigen, ihn jedoch nach und nach als
ihren Gatten annehmen, und dieses durch ihr
freundliches Betragen zu verstehen geben. Merkt
man nun, daß die Paarung wirklich geschehen ist, so
nimmt man sie aus ihrem Behältniß heraus, und
thut sie wieder unter die übrigen Tauben, wo sie
sich dann nach dem Fingerzeige der Natur vermehren werden. Wir wollen hier den Verfasser der
Naturgeschichte der Tauben in dem fünften Theile
der

der ökonomisch-physikalischen Abhandlungen reden
lassen. Dieser sagt auf der 93. Seite kaum genann-
ter Abhandlungen so: „zuvörderst legt der Tauber
durch seine Baßstimme und stolze Umgebungen die
Bekräftigung seiner zu vermuthenden Mannheit ab.
Gleich darauf folget ein gefälliges Schmeicheln;
er begleitet seine Gattin auf allen Tritten; er legt
sein herrschsüchtiges Wesen ab; er wird zärtlich,
und blicket sie so schmachtend an, daß endlich die
Täubin von gleichem Triebe, als er angeflammt ist,
entzündet wird. Sie hält Stand, und nahet sich
wohl zu ihm freiwillig. Sie putzen mit den Schnäbeln einander die Federn auf den Köpfen und um
den Schnabel, oder wie der gemeine Mann sagt,
welcher allen Liebkosungen einen verächtlichen Titel
zu geben pflegt, sie lausen einander.

Auf dieses Zäcken folgen Küsse. Zwar von
den Tauben sagt man Schnäbeln, welches aber in
nichts anderm bestehet, als daß sie einander aus
herzlicher Inbrunst mit etlichen Körnern aus dem
Kropfe füttern, vielleicht sind solche ihr Mahlschatz,
oder ein Pfand beiderseitigen Beistandes in der
Ehe. Der Tauber macht den Anfang, und füttert
zuerst die Täubin. Hierauf setzen sie ab; die Täubin erzeigt ihrem Gatten gleiche Liebkosung. Sie
wiederholen diese Vorbereitung zu verschiedenen
malen

malen, und endlich erfolgt der völlige Genuß der
Liebe. Allein wie es mir vorkömmt, müssen die
Tauben fast eben so große Wollust in den Schnäbeln, als in dem Liebeswerke selbst empfinden.
Denn es ist gewiß, daß sie sich nie besteigen, ohne
sich geschnäbelt zu haben; sich aber oft schnäbeln,
ohne einander beizuwohnen. Dieses oder die Begattung geschiehet sitzend, nach Art der meisten
Vögel, gemeiniglich auf den Dächern. Sobald sie
nemlich ihre Lust mit Schnäbeln gebüsset haben,
lässet sich die Täubin ganz sanft nieder, und der
Tauber säumet nicht lange, sie zu besteigen, und
ihr die schuldige Pflicht bestens zu leisten. Nach
Vollbringung dessen springet der Täuber sogleich
wieder hernieder, und die Taube stehet auf. Beide
gehen voller Stolz etwas aus einander; sie kommen aber gleich wieder zusammen. Der Tauber
lässet sich gleichfalls nieder, und demüthiget sich,
ob seines fernern Unvermögens wegen, oder aus
zärtlicher Ehrfurcht für seine Gattin, weiß ich
nicht. Doch deucht mir, es geschähe aus Geilheit,
und er erwarte gleiche Gefälligkeit von ihr, als er
derselben geleistet hat. Diese Huldigung, oder
was es seyn soll, nehmen aber die wenigsten Täubinnen an. Einige zwar besteigen ihren Mann,
doch nur zu ihrer eigenen Schande. Die meisten
aber,

aber, unfehlbar, weil sie erkennen, daß die Herr-
schaft über das männliche Geschlecht dem weiblichen
gar nicht zukomme, begnügen sich, über denselben
in einer so demüthigen Stellung wegzuhüpfen,
und ihn dadurch für das mürrische und tyrannische
Betragen desselben zu züchtigen. Hierauf verlassen
sie gemeiniglich den Liebesplatz, fliegen anders wohin, verhalten sich einige Augenblicke stille, und
putzen und bringen ihre Federn wieder in Ordnung,
wenn sie keine Gelegenheit sich zu baden haben.
Was ich am meisten bei den Tauben bewundern
muß, ist die Mäßigung in den Liebeswerken. Sie
wiederholen solches nicht sogleich noch einmal, wie
andere Vögel thun, sondern sie begnügen sich auch,
überhaupt solches etlichemal für jede Hecke gepflo-
gen zu haben."

§. 49.

Nach vollendeter Begattung fängt der Tauber
an, seine Gattin zur Erbauung eines Nestes anzu-
treiben, er jagt sie zu dem Ende so lange herum,
bis sie das erste Ei in das neue Nest gelegt hat.
Die Tauben suchen sich nemlich auf dem platten
Boden einen Platz aus, um ihr Nest dahin zu
bauen, oder sie wählen sich eins von den bereits
vorhandenen Nestern. Ihre Baumaterialien sind
bis-

bicfene und andere zarte Reiſer, ſo wie auch
Strohhalmen. Einige nehmen viel Reiſer oder
Stroh, andere hingegen wenig. Bei dem Bauen
ſetzt ſich die Täubin mehrentheils an den Ort, der
für das Neſt beſtimmt iſt, und der Tauber trägt
ihr die Reiſer oder das Stroh im Schnabel zu.
Bleibt dieſer zu lang aus, ſo giebt die Täubin
durch ihr Betragen ihre Sehnſucht zu erkennen,
oder holt ſich ſelbſten etliche Reiſer oder Strohhalmen. Sie legt überhaupt ihre herbeigeſchlepp-
ten Baumaterialien ſitzend um ſich herum, und bereitet ſich ſo ein etwas länglich rundes Neſt. Recht
gut iſt es, wenn man, um den Tauben ihre Arbeit
zu erleichtern, ſowohl etwas Stroh als auch Be-
ſenreiß auf dem Taubenſchlag herumſtreuet. Wenn
das Neſt fertig iſt, ſo geht das Legen an, und
wenn die Täubin zwei Eier gelegt hat, ſo tritt die
wahre Brutzeit ein. Hier wechſeln nun Tauber
und Täubin mit einander ab, und das zwar in
ziemlich feſtgeſetzten Stunden. Wenn die Täubin
ihre Zeit geſeſſen hat, ſo kömmt der Tauber vor
das Neſt; jene ſteigt ab, dieſer nimmt ihre Stelle
ein, und bebrütet die Eier bis zur Wiederkunft
ſeiner Gattin mit der größten Emſigkeit, und geht
nur dann erſt vom Neſte, wenn ihn die Täubin
wieder ablöſt. So ſehr übrigens auch der Tauber
ſeine Gattin unterſtützt, ſo ruhet doch die meiſte

Laſt

laß des Brütens auf dieser; denn sie muß die ganze Nacht hindurch bis den andern Morgen, wo sie erst abgelöst wird, auf den Eiern sitzen bleiben. Die Zeit des Brütens selbst dauert vierzehn bis sechzehn Tage. Während dieser Zeit darf man weder die Tauben, wenn sie auf dem Netze sitzen, beunruhigen; noch in der Gegend der Taubenwohnung durch Schlagen, Stoßen und dergleichen, ein Gepolter verursachen; denn wenn man die brütende Taube beunruhiget, so fährt sie entweder voller Zorn aus dem Neste, und wirft bei dieser Gelegenheit bisweilen ein Ei heraus, oder sie bleibt sitzen, schlägt aber, wenn man sich ihr nähert, ganz wild mit den Flügeln, und zerbricht so manchmal ein Ei. Macht man aber in der Nähe der Taubenwohnung einen starken Lärm oder ein durchdringendes Gepolter, so kann es leicht geschehen, daß die noch in den Eiern steckende Junge betäubt oder wohl gar getödtet werden, welches leztere dann der Fall am leichtesten seyn kann, wenn man Eisen auf Eisen schlägt; denn dieses giebt einen sehr empfindlichen und durchdringenden Ton.

§. 50.

Geht die Brutzeit zu Ende, so treibt die Natur die jungen Tauben, ihre Wohnung, die ihnen nunmehro zu enge wird, und worin sie keine

hin-

Nahrung mehr haben, zu verlaſſen, und ihre Hülle zu zerbrechen. Sie drücken daher mit dem Schnabel ſo ſtark gegen die Schaale, daß dieſe anfänglich kleine Riſſe bekömmt, nach acht bis zwölf Stunden aber der Quere nach in zwei etwas ungleiche Theile zerplazt. Wenn die Täubchen auf dieſe Art ihre Hülle verlaſſen haben, ſo ſind ſie noch blind, und am ganzen Leibe mit gelben Milchfedern verſehen, übrigens aber wegen ihres aufgeſchwollenen Schnabels und ihres ſtarken Kropfes ziemlich ungeſtaltet. Da ſie vollkommen geſättiget aus ihrem bisherigen Kerker ſchlüpften, ſo bekommen ſie von den alten den erſten Tag noch keine Nahrung, ſondern müſſen bis den zweiten oder auch wohl gar den dritten Tag warten. Die erſte Nahrung, die nun die jungen Tauben von den alten bekommen, iſt eine Art von Brei, deſſen Beſtandtheile man noch nicht genau kennt. Einige halten ſie für eine Zuſammenſetzung ſalziger und ſalpeterichter Erde, andere hingegen für eine halbverdauete in dem Kropfe der Alten zubereitete Speiſe. Nach und nach bekommen die Jungen, nach Maßgabe ihrer zunehmenden Kräfte, eine ſtärkere Nahrung, und zwar nach den erſten acht Tagen ihres Lebens ganz unverdauete Körner, und das, wenn ſonſt kein Mangel daran iſt, in ſolcher Menge, daß ihr geräumiger Kropf ganz davon vollgeſtopft iſt. So

L   wie

wie die Alten wechfelsweis brüteten, so bedecken sie
nunmehro auch wechfelsweis ihre Jungen, und
füttern sie auch beide, indem sie denselben das vorher eingeschluckte Futter aus ihrem Schnabel gleichsam einblasen oder eintrichtern. Da dieses der
Mensch bei ganz jungen Tauben, so wie es die
Natur erheischt, nicht kann, obschon es bei einer
halbwüchsigen ganz gut angeht, so ist es auch wohl
ganz begreiflich, daß man, obschon junge Tauben
in besonders eingerichteten Brutöfen ausbrüten,
man doch solche durch ordentliche Wartung und
Pflege fernerhin nicht erhalten könne. Mit dem
neunten Tage werden die jungen Tauben sehend,
und etliche Tage nachher brechen die großen Federn
kiesen an den Flügeln und an dem Schwanze durch;
diesen folgen die kleinen Federn, und in einem Alter von vierzehn Tagen sind die Tauben schon ziemlich mit denselben bedeckt, so daß man von den
Milchfedern wenige mehr sieht. Hier ist nun die
Zeit, wo sie von den Alten nicht mehr so fleißig
bedeckt werden, als vorher. Sie fangen auch an,
sich in ihren Kräften zu üben. Sie kriechen nemlich aus der Mitte des Nestes, und setzen sich an
den Rand desselben; ja sie schlüpfen auch wohl gar
ganz heraus, wenn nemlich ihr Nest unmittelbar
auf dem Boden ist, verfolgen ihre Alten auf dem
ganzen Taubenschlage, und winseln unter einem be-

stän-

ständigen Pipen um Nahrung. Wenn die jungen
Tauben etwa drei Wochen alt sind, so sucht die
Täubin ihren Gatten wieder sorgfältiger auf, und
bereitet sich schon zur zweiten Hecke vor; beide versorgen jedoch ihre bereits vorhandenen Jungen noch
so lange mit Nahrung, bis man sie ihnen entweder
wegnimmt, oder bis sie allein fressen, und sich so
selbst versorgen können. Sind sie erst einmal sechs
Wochen alt, so kann man sie blos noch durch ihre
pipende Stimme und ihren weichern Schnabel von
den Alten unterscheiden. Mit ihrer Mannbarkeit,
welche sie in dem fünften oder sechsten Monat ihres
Lebens erlangen, erhalten sie ganz ihre männliche
Stimme, und fangen an, sich unter einander zu
paaren. Hat man demnach von der ersten Frühlingsbrut Junge fliegen lassen, so kann man im
Herbste noch das Vergnügen genießen, die ersten
Früchte ihrer Liebe in der Küche zu benutzen.

§. 51.

Die Tauben wechseln demnach von dem Frühlinge an mit Eierlegen, Brüten und der Wartung
und Pflege der erbrüteten Jungen den ganzen Sommer hindurch ab, bis die Mausezeit heran nahet,
welche größtentheils in der Mitte des Augustes
eintritt, und vier Wochen dauert. Unter der Mau-

L 2

164

fezeit macht Legen und Brüten einen Stillstand.
Nachher aber ist es oft der Fall, daß sich einige
Paare noch einmal mit Legen und Brüten beschäftigen. Wenn man alles dieses so betrachtet, so
sollte man glauben, die Tauben müßten sich in einigen Jahren ganz außerordentlich vermehren; allein
wenn man die Sache an der Hand der Erfahrung
beleuchtet, so wird man finden, daß dieses nicht so
ganz der Fall ist; denn kein Vogel bringt so viele
todte Bruten hervor, als die Taube, und selbst in
den ersten sechs Wochen geht eine beträchtliche Anzahl verloren; indem vorzüglich im Frühlinge mehrere vor zu großer Kälte erstarren, mehrere den
Sommer hindurch von großer Hitze, von Ungeziefer und Krankheiten geplagt, zu Grunde gehen,
und endlich mehrere auch wohl von den Alten, vorzüglich wenn ein Theil von ihnen verloren geht,
verlassen werden. Wir wollen daher einen sich auf
die Erfahrung gründenden Durchschnitt annehmen,
und nur, aber auch getrost, behaupten: Die
fruchtbarsten Haus- oder Hoftauben
liefern uns in einem Jahre nicht mehr
als sechs Paar Junge, die Feldflüchter
hingegen höchstens nur drei Paar.

Obwohlen man nicht allen Unglücksfällen,
welche den jungen Tauben begegnen können, vor-
beugen

beugen kann, so lassen sich selbe doch wenigstens in etwas vermindern. Ist eine von den Alten umgekommen, und die Jungen sind blos noch mit ihren Milchfedern bedeckt, so kann man sie unter die übrigen Jungen, die von gleicher Größe sind, vertheilen. Sehr oft sitzt in einem Neste nur eine einzige Junge, neben diese kann man daher die von ihren Ältern Verlassene setzen. Ihre neuen oder Stiefeltern werden sie ohne allen Anstand annehmen, sie warten und pflegen. Sind die verlassenen Jungen aber bereits mit Federn versehen oder halbwüchsig, so thut man am besten, man nimmt sie ganz aus dem Taubenschlage, und füttert sie selbst. Zu diesem Ende steckt man ihnen alle Tage dreimal, nemlich des Morgens, Mittags und Abends den Kropf mit wohl eingeweichten und aufs gequollenen Erbsen voll, hält ihnen den Schnabel bisweilen in reines Wasser, und gewöhnt sie so zum Saufen.

§. 52.

Die Bestimmung der jungen Tauben, ob man sie nemlich schlachten, verkaufen oder zur Nachzucht widmen will, ist zwar willkührlich: gut und empfehlungswürdig ist es jedoch, wenn man hier nach Grundsätzen handelt, und seinen Taubenschlag nicht unverhältnißmäßig bevölkern läßt. Man

L 3   macht

macht gewöhnlich schon im Frühlinge seinen Ueber-
schlag, wie viele man den Sommer über von den
Jungen fliegen lassen will. Man berechnet nemlich,
wie viele alte ausgediente Tauben man hat, an
deren Stelle man Junge fliegen lassen will; man
denkt zugleich nach, in wie weit man seinen Tau-
benflug vermehren oder vermindern will, und
nimmt sodann hiernach seine Maßregeln. Uebrigens aber thut man wohl, wenn man über die bestimmte Zahl einige mehr fliegen läßt; denn es ist
immer wahrscheinlich, daß bis zum künftigen Frühjahre noch alte und junge zu Grunde gehen werden.

Was nun die Jungen selbst betrifft, welche
man zur Nachzucht wählen will, so hat man hierbei mancherlei zu beobachten. In einem Neste sitzt
gewöhnlich ein Paar, nemlich ein junger Tauber
und eine junge Täuben, wovon der Tauber meistens etwas größer als die Täubin ist. Wollte man
nun von einem Nestpaar nur immer eine, und zwar
entweder die größere oder kleinere fliegen lassen, so
würde man auch entweder lauter Tauber oder lauter Täubinnen bekommen; und wollte man alle
jungen Tauben, die man nach der Liebhabersprache
schön nennen kann, gehen lassen, so würde man
die Anzahl zu stark vermehren und so eine übermä-
ßige Menge von Kostgängern bekommen, die einem

doch

doch wohl beschwerlich fallen dürften. Genug,
man sehe hier vorzüglich auf das, was einem nach
richtigen Erfahrungssäßen am vortheilhaftesten ist.
Hier treten nun aber freilich mancherlei Umstände
ein, die ihren Grund in den verschiedenen Local-
und ökonomischen Verhältnissen haben können, und
worüber sich im Allgemeinen eben nicht viel sagen
läßt.

Eine Hauptfrage ist übrigens noch: Wann,
nemlich zu welcher Jahrszeit soll man
Junge fliegen lassen? Hier kömmt es darauf
an, ob es Feld- oder Haustauben sind, mit deren
Pflege man sich abgiebt. Sind es Feldtauben, so
wähle man eine solche Zeit, wo die Jungen, wenn
sie ausfliegen, gleich auf etliche Wochen volle Nahrung im Felde finden, weil sie im entgegengesetzten
Falle sonst traurig herum flattern, mühsam ihre
Nahrung suchen müssen, und dann sehr leicht auf
andere Schläge gehen, und gefangen werden.
Sind es aber Haus- oder Hoftauben, die man
ohnehin das ganze Jahr hindurch füttern muß, so
hat man blos darauf zu sehen, daß man nicht zu
spät im Herbste Junge fliegen lasse; denn diese würden zu viel bei dem Mausen, welches erst in der
Winterkälte einträte, leiden, vielleicht erkranken,
oder gar crepiren.

L 4   §. 53.

§. 53.

Was nun endlich noch das Alter der Tauben betrifft, so läßt sich hierüber nichts gewisses und genaues bestimmen; denn man hat weder ganz untrügliche Merkmale, woran man die bereits zurück gelegten Lebensjahre der Tauben bemerken könnte, noch läßt man sie gewiß äußerst selten so lange leben, als ihnen vielleicht die gute Natur verstatten würde. So viel ist gewiß: bei zunehmenden Lebensjahren der Tauben stellt sich bei ihnen Kraftlosigkeit und Unfähigkeit zur Fortpflanzung ihres Geschlechtes, und Kränklichkeit ein, und diese hat denn nach einem allgemeinen Gesetze, welches die Natur bei allen lebenden und empfindenden Wesen beobachtet, den Tod zur Folge. Recht sehr gut würde es seyn, wenn man genaue Merkmale hätte, woran man das Alter der Tauben erkennen könnte; dieses würde einem bei der Musterung, die man doch jährlich vornehmen muß, ganz vortreffliche Dienste leisten. Da aber hier die Natur nicht selbst gesorgt hat, so schlägt Buchoz in seinem bereits oben angeführten Werke an der 263ten Seite folgende künstliche Merkmale, welche man den Tauben geben kann, vor. Er sagt nemlich: „Wenn man anfängt ein Taubenhaus zum erstenmal zu bevölkern, so schneidet man jede Taube, die man hineinthut, mit einer Scheere blos in das

Ende

Ende einer Klaue, und merkt sich die Zeit, zu welcher dieses geschehen ist. Im folgenden Jahre müssen zwei Männer um eben die Zeit, wenn die Tauben allesamt wieder in den Schlag gekommen sind, nachdem alles verschlossen worden, und man darin nicht mehr sehen kann, ohne Geräusch mit einer Blendlaterne hinzugehen, die nicht mehr Licht gewährt, als man braucht, um ein Nest zu visitiren. Der eine von diesen Männern hält die Laterne zum Leuchten, und der andere ergreift durchgehends alle Tauben in ihren Nestern, ohne eine einzige zu vergessen, und schneidet eine jede zum andernmal in das Ende einer Klaue, an dem andern Fuß, und so nach und nach alle Jahre, bis man sie auf solche Weise viermal gezeichnet hat. Man darf auf keine Weise befürchten, daß ein solcher Besuch die Tauben erschrecken werde. — Wenn das vierte Jahr verlaufen ist, so kommt man auf eben die schon beschriebene Art in das Taubenhaus, ausgenommen, daß man ein Paar Käfige mitbringt, welche groß genug sind, daß alle Tauben, die sich im Schlage befinden, hineingehen können. In den einen thut man alle diejenigen, welche viermal gezeichnet sind, und schickt sie entweder zum Verkauf auf den Markt, oder gradeswegs zum Hausgebrauch in die Küche; und in den andern diejenigen, denen man an den Zeichen ansieht, daß sie noch

L 5   nicht

nicht vier Jahre alt sind. Diese leztern läßt man
sodann wieder in das Taubenhaus fliegen, weil sie
noch zur Zucht taugen. Auf den ersten Anblick
scheint diese Verrichtung etwas mühsam zu seyn:
aber wenn man sie im ersten Jahr einmal prakti-
zirt haben wird, so thut man es mit Vergnügen,
und dieses immer mehr und mehr, zumal wenn
man mit der Zeit innen wird, was für großen
Nutzen hiervon der ganze Taubenschlag habe." Ich
habe dieses Verfahren noch nicht versucht, und
ich glaube auch, es sey ziemlich schwer und mühsam anzuwenden, so daß es wohl eben nicht viele
Verehrer finden dürfte.

§. 54.

Bei der Musterung selbst sieht man übrigens
nicht nur auf das Alter der Tauben, sondern auch
auf ihre übrigen Eigenschaften, die einem anrathen
können, Tauben abzuschaffen. Man kennt nemlich
schon vom Sommer her die Fruchtbarkeit und Un-
fruchtbarkeit, den Fleiß und die Nachläßigkeit seiner Tauben im Ausbrüten, Füttern, Aufziehen
der Jungen und Futterherbeiholen. Nach diesen
Umständen nun merzt man auch diejenigen im
Herbste aus, die nicht jene Vollkommenheiten und
Eigenschaften haben, die einen bestimmen könnten,
sie zu behalten. Unfruchtbare Tauben, sie mögen
es

es aus Alter, oder andern Ursachen seyn, muß
man als ehrlicher Mann nicht an andere verkaufen;
sondern sie lieber abschlachten, zupfen, in Essig bei-
zen und dann kochen lassen; denn im entgegenge-
sezten Falle betrügt man andere, die doch Ver-
trauen auf unsere Rechtschaffenheit und Ehrlichkeit
sezten. Faule, nachlässige Tauben im Futterholen
kann man schon verkaufen; denn es ist immer
möglich, daß sie es an einem andern Orte nicht
sind; eine bessere Aussicht aufs Feld kann sie vielleicht eher zum Fleiß einladen. Daß man übrigens
beständig auf Rekrutirung bedacht seyn müsse, haben wir theils oben bereits gehabt, und theils verstehet es sich auch wohl von selbst.

Da einem nur sehr oft Tauben weggefangen
werden, welches einem natürlich sehr verdrüßlich
seyn muß, so kann man einem solchen Taubenfänger
gleich wieder einen Possen spielen. Man fängt
nemlich, wenn es seyn kann, eine oder die andere
von seinen Tauben, bindet ihr ein rothes Bänd-
chen mit einem Schellchen an ein Bein, und läßt
sie sodann fliegen, der Erfolg wird gewiß dem Eigenthümer sehr empfindlich seyn. Man darf aber
ja von dieser Operation nichts merken lassen, weil
einem sonst sehr leicht ein ähnlicher Spaß passiren
könnte.

Ueber

172

Ueber die Taubenzucht können, nebst den bereits in der Einleitung angeführten Schriften, noch folgende nachgelesen werden:

1) Nützliches und vollständiges Taubenbuch, oder genauer Unterricht von der Tauben Natur, Eigenschaften, Verpflegung, Nahrungsmitteln, Krankheiten, Nutzen, Schaden u. s. w. Mit einer Kupfertafel. Ulm 1790.

2) Oekonomisch-physikalische Abhandlungen. Fünfter Theil. Leipzig 1753.

Zwei-

Zweiter Abschnitt.
Die Cultur der ökonomischen Wasservögel.

Nachdem wir bisher von der Wartung und Pflege
des ökonomischen Landgeflügels, oder der ökonomischen Landvögel gehandelt haben, so gehen wir
nunmehro zur Cultur jener Klasse der ökonomischen
Vögel über, welche wir ökonomische Wasservögel
oder ökonomisches Geflügel nennen.

Erstes Kapitel.
Die Cultur der Gänse.

§. 55.

Die Gans, deren Gestalt zu bekannt ist, als
daß man sich auf eine weitläufige Beschreibung ein-
lassen sollte, unterscheidet sich, so wie die Ente,
vorzüglich von dem übrigen ökonomischen Geflügel,
daß sie theils auf dem trockenen Lande, theils im
Was-

Waſſer lebt und biswellen, vorzüglich wenn ſie
Junge hat, oder brütet, wie eine Schlange ziſcht.
Sie iſt ſo, wie alles übrige zahme Federvieh, in ihrer
Farbe verſchleden; denn man hat ganz weiße, weiße
mit Grau vermiſcht, ganz graue, ſo wie auch ganz
braune und braungefleckte. Die Gänſe haben ſich
vorzüglich wegen ihren Federn zu einem nothwendigen Uebel gemacht. Durch Verkauf vielen Profit ziehen zu wollen, dürfte wohl blos
unter die frommen Wünſche gezählt zu werden
verdienen, ſo wie bieſes gewiß jeder praktiſche
Oekonom, der mit Nachdenken und auch nach
Grundſätzen handelt, bewahrheiten wird. Bei der
Wahl der Gänſe, die man ſich zur Zucht ankaufen
will, richtet man ſich nach ihrem Alter, nach ihrer
Größe, und nach der örtlichen Lage, woher man
ſie nemlich kauft. Alte Gänſe muß man nie kaufen; denn dieſe ſind nicht fähig, die Dienſte, welche
man von ihnen verlangt, noch lange zu verrichten;
indem dieſes Thiergeſchlecht in den erſten vier Jahren ſeines Lebens zur Fortpflanzung ſeines Gleichen
am tüchtigſten iſt.

Am beſten iſt es, wenn man ſich zweijährige
Gänſe anſchaft; denn dieſe legen, wie es die Erfahrung lehrt, weit beſſer als diejenigen, welche
nur erſt ein Jahr alt ſind. Das Alter der
Gänſe

Gänse erkennt man theils an den Füßen und Schnabel, theils an dem Hänge- oder Lege-bauche. Wenn die Gänse gelbe Füße und Schna-bel und einen blos runden, oder doch nur ein we-nig herunterhängenden Legebauch haben, so sind sie noch jung; haben sie aber rothe Füße, einen rothen Schnabel und einen stark herabhängenden spitzigen Bauch, so sind sie schon alt; so wie denn auch eine junge Gans spitzigere Nägel und eine weichere Gur-gel, als eine alte hat. — Bei der Wahl der Gänse, in Hinsicht ihrer Größe, wird man wohl immer die größeßen aussuchen; denn bei diesen gewinnt man mehr an Federn und mehr am Fleische. Es giebt wirklich zweierlei Arten von zahmen Gänsen, näm-lich eine größere und eine kleinere, wovon die letz-tere sich den Wilden in Rücksicht ihres schlanken Wuchses stark nähert.

Einige Oekonomen sagen, diejenigen Gänse, welche sich größtentheils auf dem Wasser aufhalten, seyen größer und stärker, als diejenigen, welche mehr auf dem trockenen Lande herumgehen; allein, ich habe mich hiervon aus Erfahrung noch nicht überzeugen können; im Gegentheile habe ich gefun-den, daß in hiesiger Gegend die sogenannten Was-sergänse, die in den an der Gera und der Unstrut lie-

liegenden Dorffchaften gezogen werden, nicht so
groß waren, als jene, welche uns die von dergleis
chen Flüssen mehr entfernten Dörfer liefern. Was
die Grundsäße betrifft, welche man bei der Wahl
der Gänse in Hinsicht auf örtliche Lage zu beobachs
ten hat, so beruhen diese blos darauf, daß man,
wenn man etwa am Wasser wohnt, auch solche
Gänse wähle, die bisher einen ziemlichen Theil
ihres Lebens auf dem Wasser zubrachten.

§. 56.

Damit man sich bei der Wahl der Gänse nicht
etwa in dem Geschlechte verirre, so hat man sich
mit folgenden Merkmalen bekannt zu machen. Der
Ganfert oder Gänserich unterscheidet sich von einer
Gans durch seine höheren Beine, seinen längern
und etwas dickern Hals, und durch sein Geschrei,
welches er macht, wenn man ihn beim Kopfe ergreift, und gefangen hält, da man hingegen eine
Gans nicht nur an ihrem kürzern und dünnern
Halse, an ihrem groben Dattern, vorzüglich im
Monat Jänner, als zu welcher Zeit der Legebauch
zu wachsen anfänget, und dann an einer kleinen
Vertiefung in der Gegend der Schaambeine erkennt. Da man übrigens im Jänner, welches eigentlich die beste Zeit zum Ankaufen wäre, keine zum

Kaufe

Kaufe bekommen wird, indem ein jeder, der sich mit der Gänsezucht abgiebt, diejenigen dieser Thiere, die er entbehren kann, gewiß schon vor Martini, oder doch vor Weihnachten verkauft haben wird, so wie dieses eine alltägliche Erfahrung lehrt, so wird man sich wohl genöthigt sehen, die zur Zucht bestimmten Gänse zu einer andern schicklichen Zeit, wo man eben einen guten Kauf thun kann, anzuschaffen.

Ehe man aber Gänse anschafft, muß man erst auf einen Stall für sie bedacht seyn. Diesen Stall nun legt man auf dem Hofe, wo er am wenigsten hinderlich ist, an; nur muß man darauf sehen, daß er hinlänglich trocken und vor Wind und Wetter wohl verwahret sey; denn so gern die Gänse auch auf dem Wasser schwimmen, so wollen sie doch in ihrem Stalle trocken und warm sitzen. Da übrigens die Gänse als Wasservögel nach der Einrichtung ihrer Füße nicht auf Stangen sitzen können, so hat man auch nicht nöthig, in ihrem Stalle dergleichen Sitzstangen, wie in den Hühnerställen, anzubringen; nöthig hingegen ist es aber, daß man ihnen öfters frisches Stroh unterstreue, und das vorzüglich dann, wann eben die Legezeit ist, weil sie ihre großen, weißen Eier gern tief legen, damit sie selbe mit ihren Füßen nicht zerbrechen.

M   §. 57.

§. 57.

Ein Ganſer kann ſechs bis acht Gänſen immer mit gehöriger Wirkſamkeit vorſtehen. Wenn die Gänſe gut gefüttert werden, ſo tritt die Legezeit ſchon nach Lichtmeß ein; und da legt dann eine Gans zehn bis zwanzig Eier. Man merkt's mehrentheils ſo ziemlich, wenn eine mit Legen anfangen will; man ſieht ſie nemlich Stroh in ihrem Schnabel herumtragen. Iſt das nun der Fall, ſo kann man ihr in ihrem Stalle ein Neſt von Stroh und Neſſelwurzeln zubereiten; denn den Geruch der Neſſeln liebt ſie vorzüglich. Die gelegten Eier nimmt man jedesmal weg, bis aufs Neſtei, und legt dann diejenigen, welche man zum Ausbrüten beſtimmt, an einen Ort, der weder zu warm, noch zu kalt iſt. Bleibt die Gans zuletzt auf dem Neſtei über Nacht ſitzen, ſo hat ſie ausgelegt, und fängt nun an zu brüten. Das Zeichen einer guten Brutgans iſt aber, wenn ſie beim Eierlegen viele Federn im Neſte liegen läßt.

Eine Gans iſt zwar im Stande achtzehn Eier zu bedecken; man thut aber wohl, wenn man ihr nicht mehr als dreizehn, bis höchſtens funfzehn unterlegt; denn dieſe kann ſie recht vollkommen bedecken und ausbrüten. Die Brutzeit ſelbſt dauert vier Wochen. Unter dieſer Zeit muß man

der

brütenden Gans hinlängliches Futter an Hafer
oder Gerste geben. Man weicht das Getreide ein
und sezt es derselben in einem Gefäße so nah vor
ihr Nest, daß sie die Eier wenig verlassen darf.
Sollte sie etwa vom Neste gehen, um sich vielleicht zu baden oder sonst etwas zu verrichten, so
kann man ihr die Eier umkehren, wenn sie es vielleicht nicht selbst gethan hat. Gewöhnlich aber
verrichten dieses alle brütende Thiere nach ihrem
natürlichen Instinkte selbst. Sobald die jungen
Gänschen ausgekrochen sind, so darf man sie nicht
eher aus dem Neste nehmen, bis sie recht trocken,
oder, wie man sagt, nestreif sind, und sollten
einige eher als die andern herauskommen, so
nimmt man diese, wenn sie abgetrocknet sind, weg
und legt sie in Wolle an einen warmen Ort und
zwar so lang, bis die andern auch ausgebrütet sind, und giebt sie sodann der Mutter wieder.
Sind die Jungen alle ausgeschlüpft und trocken,
so sperrt man sie mit der Mutter acht bis zehn
Tage an einem engen und warmen Orte ein. Die
Bauersleute thun dieses in ihrer Stube: reichere
Gutsbesitzer aber, wenn es sonst der Raum erlaubt,
in ihrer Gesindestube. In den ersten vierundzwanzig Stunden giebt man den jungen Gänsen nichts
zu fressen; denn da sind sie noch von dem Gelben
des Eies gesättiget. Nachher aber giebt man

M 2 — ihnen

ihnen zwei oder beffer drei Tage lang hart gesot
tene, geschälte und kleingehackte Eier mit ein we=
nig Waizenkleien und Brodkrumen vermengt, legt
ihnen ein Stückchen ausgestochenen Rasen hin und
sezt ein flaches Gefäß mit Wasser dabei. Sind
diese drei Tage verfloffen, so füttert man sie mit
kleingehackten und mit Waizenkleien vermengten
grünen Brennesseln, wenn nemlich dergleichen zu
bekommen sind, auch mit dem auf warmen Queb
len wachsenden Grase, welches um diese Jahrszeit
gewöhnlich schon vorhanden, nebst etwas Gersten=
oder Haferkörnern, oder Schrot, mit Wasser ange=
feuchtet, oder mit Gerstenmehle in Milch. Sind
einmal acht bis zehn Tage vorbei, so läßt man sie
mit ihrer Mutter bei schönem Wetter auf den Ra=
sen, wo sie dann schon anfangen Gras zu freffen.
Haben sie vierzehn Tage erlebt, so kann man sie
die Alte schon zu Wasser führen laffen.

§. 58.

Wenn die jungen Gänschen anfangen zu kie=
len, so ist dieses eine gefährliche Zeit für sie, und
da hat man nöthig ihnen Morgens und Abends
gutes mit Schrot angemengtes, gestampftes grü=
nes Futter zu geben. Thut man dieses nicht, so
hängen ihnen ihre kleine Flügelchen herunter und
ermatten, indem die vielen großen Kiele Saft und

Kraft

Kraft wegnehmen. Den Sommer hindurch treibt
man sie auf die Hutung, nemlich auf Rasenplätze
und auf die Brachäcker, giebt ihnen aber die Zeit
über, bis die Erndte anfängt, täglich, und besonders des Abends etwas Hafer. Billig sollte man
sie aber des Morgens nie austreiben, als bis die
Sonne den Thau weggenommen hat. Wenn die
Erndte eingetreten ist, so finden sie in den Stoppeln so viele Nahrung, daß sie zu Haus gar nicht
mehr gefüttert zu werden brauchen; ja sie setzen
selbst bei der Stoppelweide so an, daß sie sich nachher sehr leicht mästen lassen. Kömmt aber der
Winter und macht die Nahrung auf dem Felde
sparsam, so muß man sie dann wieder zu Hause
füttern. Man schneidet ihnen Kohlstrünke, weiße
und gelbe Rüben vor, giebt ihnen gebrühtes Afterkorn, bisweilen etwas Hafer, und setzt ihnen im
Froste Wasser vor, welches aus einer Mischung
von warmen und kalten bestehen muß, damit
es nicht sogleich einfriert. Liegt aber Schnee,
so braucht man dieses nicht; denn da löschen sie
ihren Durst an diesem. Manche Gänse pflegen,
wenn sie einmal ausgebrütet und ihre Jungen so
ziemlich erzogen haben, noch einmal zu legen und
dann abermals zu brüten. Dieses ist eine sehr gute
Eigenschaft, die man auch ja, wenn es sonst nicht
zu spät ins Jahr kömmt, benutzen muß.

Wie

Wie übrigens die Gänse gemästet, geschlachtet
und ihre Federn gewonnen und verwendet werden,
davon handeln wir noch weiter unten, wenn wir
in einem besondern Kapitel von der Benutzung des
sämmtlichen Federviehes reden.

Das zweite Kapitel.

Die Cultur der Enten.

§. 59.

So ausgebreitet das Geschlecht der Enten auch im Allgemeinen ist, indem es sich in wilde und zahme eintheilt, wovon die ersten wieder außerordentlich mannichfaltig sind, so handeln wir hier blos von den zahmen; denn jene sind eigentlich Gegenstand der Jagd oder des Vogelfangs. Wir theilen die zahmen Enten hauptsächlich in zwei Arten, nemlich

1) in die gemeinen Enten, und

2) in die türkischen, indianischen oder Bisamenten.

1) Die

184

1) Die gemeinen Enten.

Unter den Enten überhaupt wird das Weibchen Ente oder Aente schlechtweg, das Männchen hingegen Anter, Aentrich, Entvogel und Enpel genennt. Man hat beide Geschlechter von mannichfaltiger Farbe, nemlich von weißer, grauer, brauner und vermischter. Die von weißer Farbe sind zwar die weichlichsten, aber auch, wie bei allen übrigen Thieren, in Rücksicht ihres Fleisches die zärtesten und delikatesten. Den Entrich erkennt man leicht an den über dem Schwanze befindlichen aufgekrümmten Federn, und wenn er nicht etwa weiß von Farbe ist, an dem schönen blau und grünspielenden Kopfe, so wie auch an seiner schwachen heisern Stimme; da hingegen die Ente eine weit stärkere durchdringende schnatternde und schreiende Stimme hat. Uebrigens haben beide Geschlechter kurze, stark hintenaus gebogene Beine, und eben diese bewirken, daß sie Leichtigkeit im Schwimmen und Schwierigkeit im Gehen haben; denn sie gehen bekanntlich langsam, schwerfällig und wackelnd.

2) Die türkischen, indianischen oder Bisamenten.

Diese, welche aus Indien herstammen, und nunmehro auch ziemlich stark in Deutschland gehalten

ten werden, sind wenigstens um ein Drittheil größer, als unsere bekannten gemeinen Enten, und
um den Kopf mit Fleisch oder vielen blutrothen
Wärzchen, fast wie die Truthühner besetzt. Gewöhnlich sind sie schwarz, blau- und weißbunt,
doch so, daß das Schwarze immer den größten
Theil einnimmt; übrigens giebt es aber auch Verschiedenheiten, wie bei allen zahmen Thieren. —
Das Männchen dieses Entengeschlechts duftet, und
zwar unter den Flügeln einen Bisamgeruch aus.
Wenn sich ein solcher Entrich, mit einer gemeinen
Ente paart, welches sehr oft geschiehet, wie ich
dieses selbst mehrmalen bemerkt habe, so erhält
man eine Bastardart, deren Fleisch zärter und
wohlschmeckender, als jenes der eigentlichen türkischen Enten ist. Offenherzig muß ich gestehen: Ich
bin den türkischen Enten in ökonomischer Hinsicht
nicht recht gut; denn sie gehen zu wenig ihrer
Nahrung im Wasser selbst nach, sondern liegen
einem beständig vor der Thür und schnattern und
schreien nach Futter, legen wenig Eier und brüten
fünf Wochen.

§. 60.

Wenn man Wasser, Bäche, Flüsse, Sümpfe
u. d. gl. in der Nachbarschaft hat, so kann man
mit ziemlichen Nutzen Enten halten; denn da gehen

sie ihrer Nahrung größtentheils den ganzen Tag
nach; indem sie kleine Fische, Frösche, Froschlaich,
Schlamm, Meerlinsen und andere Sachen, die sie
im Wasser finden, mit dem größten Appetite verzehren. Genug, sie leben beinah wie die Schweine.
Den Fischteichen sind sie aber sehr nachtheilig, eben
weil kleine Fische eine wahre Delikatesse für sie
sind. Früh im März schon beginnt die Legezeit
und da legt dann eine Ente, dreißig bis sechsund-
dreißig Eier. Da nun die frischesten Eier immer
die besten zum Ausbrüten sind, so thut man
wohl, wenn man sie, wie sie gelegt worden nume-
rirt, und dann diejenigen, die zuerst gelegt worden, zum Verspeisen, die lezteren aber zum Ausbrüten bestimmt. Auf zehn Enten kann man einen
Entrich halten. Zur Zucht braucht man beide Geschlechter, aber gern nur drei Jahr. Die Entriche
sind zuweilen so geil, daß sie die Enten ganz
entkräften; die Enten aber haben die Untugend
an sich, daß sie ihre Eier gern vertragen, an
die Ufer des Wassers, auf die Erde in Zäune,
und ins Gesträuche legen. Rathsam ist es
daher, daß man sie des Morgens, ehe man sie
aus ihrem Stalle läßt, erst befühlt oder ausgreift,
und dann diejenigen, welche reife Eier bei sich haben, einstallt, und so zwingt, ihre Eier zu Haus
zu lassen und in ihr für sie bestimmtes Nest zu legen.

Das

Das Brüten selbst dauert acht und zwanzig Tage. Man kann es entweder von den Enten selbst, oder auch von Trut= oder andern Hofhühnern verrichten laffen. Da aber die Eier größer als Hühnereier find, fo kann man einer Henne nicht fo viel unter= legen, als von jenen ihres eigenen Geschlechts. Am besten thut man, wenn man einer gemeinen oder Hofhenne grad fo viel Eier unterlegt, als einer Ente, nemlich dreizehn bis funfzehn, einer Truthenne aber ein und zwanzig. Ueberhaupt dürfte es wohl vortheilhafter feyn, einer Hof= oder Truthenne das Ausbrütungsgeschäfte zu überlaffen, als einer Ente; denn diefe führt ihre Jungen zu bald ins Waffer, und da geben dann bei kaltem Wetter viele zu Grunde; da hingegen die jungen Thierchen einer fie führenden Henne eine ziemliche Zeit auf dem trocknen Lande nachfolgen, und etwas ftark werden, ehe fie es wagen, fich von ihr zu trennen und allein im Waffer zu leben. Ich habe auch einmal bemerkt, daß eine Wafferratte eine noch fehr kleine Ente beim Kopfe nahm, und mit fortschleppte, wie diefes wirklich auch die großen Hechte thun. Hof= und Truthähner machen frei= lich gar ängstliche und poffierliche Geberden, wenn die von ihnen geführten Entchen zum erstenmal auf einem Teiche oder Fluffe schwimmen, und fie nicht nachkommen können, allein das thut weiter nichts.

§. 61.

§. 61.

Den jungen Entchen giebt man in den drei
erften Tagen ihres Lebens etwas gehackte Hühner-
oder Gänfeeier mit Brodkrumen vermengt und mit
etwas Waffer angefeuchtet; die folgenden drei Tage
aber blos etwas angefeuchtetes Schrot. Nachher
kann man jung und alt auf einem Graben oder
Teich, worauf man Meerlinfen gefchüttet hat, jagen, und den Jungen nur Morgens und Abends
etwas Träbern, oder auch angefeuchtete Kleien
geben, bis fie vier oder fechs Wochen alt find; alsdann forgen fie fchon felbft für ihren Unterhalt;
denn da leben fie theils von dem Korn, welches
im Hofe zerftreut liegt, theils von dem Abfall in
der Küche, und theils von dem was ihnen das Waffer zuführt. Ueberhaupt find fie den Sommer hindurch leicht zu erhalten; denn den Tag über läfft
man fie laufen, und giebt ihnen nur des Abends,
um fie defto leichter nach Haufe zu locken, etwas
zu freffen. Im Winter, vorzüglich wenn Bäche
und Pfützen zugefroren find, muß man fie recht
fatt füttern; denn fie find fehr gefräßig, daher fie
fich denn auch leicht mäften laffen. Ihr Futter be-
fteht im Winter in Kaff, in Träbern, in Gerfte, in
Wurzelgewächfen und dergleichen. Nur muß man
dabei nicht vergeffen, daß man die Körner, welche
man ihnen zu freffen giebt, in ein niedriges mit
Waf-

Waſſer angefülltes Gefäß thue, und ſie ihnen ſo
vorſetze; denn thut man dieſes nicht, ſo ſtellen ſich
die Hühner unter ihnen ein, und helfen ihnen ihr
Futter verzehren. Uebrigens iſt der Entenſtall grad
wie der Gänſeſtall, und beide ſind auch größten=
theils neben einander.

Drit-

Dritter Abschnitt.

Die Benutzung des Federviehes und seiner
Producte, seine Feinde, die Kenntniß und
Heilung seiner Krankheiten.

Das erste Kapitel.

Die Benutzung des Federviehes und seiner Producte.

§. 62.

Wenn man sich mit der Cultur des ökonomischen
Flügelwerks abgegeben hat, so wird man auch
darauf bedacht seyn, dasselbe so viel nur immer
möglich ist, zu benutzen.

Diejenigen Producte nun, die uns eben dieses
Flügelwerk liefert, sind:

a) Eier,

a) Eiern,

b) Federn,

c) Fleisch,

d) die Exkremente.

Wir betrachten demnach hier:

a) Die Eier, ihre Benützung und Aufbewahrung.

Die Eier werden bekanntlich durch die Kochkunst auf mannichfaltige Art zur Speise für Menschen zubereitet, wie dieses beinah in allen Bü-
chern, welche von der Kochkunst handeln, weitläufig und in seinem ganzen Umfange gelehret wird.
Man bedient sich übrigens aber auch derselben mit
zur ersten Nahrung verschiedener Thiere. Man
giebt nemlich das hartgesottene Gelbe den Kana-
rienvögeln, den Finken, Rothkehlchen, den jungen
Truten, den Küchelchen der Hofhühner; wie auch
den jungen Gänsen und Enten, so wie wir dieses
bereits weiter oben an den gehörigen Orten gelehrt
haben. Uebrigens ist der Eidotter bei Eierspeisen
eigentlich auch die Hauptsache; er befördert beim
Backen das Aufgehen und die schöne Farbe des
Teiges, und vereinigt öhlichte und fette Sachen,
die man mit Wasser vermischen will. — Um die
jungen Kälber fett zu machen, ist nichts besseres,

als

als wenn man ihnen bei ihrem Milchfutter, worin
Brodkrumen von weißem Brode gekocht worden, täg=
lich ein Paar rohe oder ungesottene von den Schaa=
len befreite Hühnereier in den Hals steckt, oder Ku=
geln von Gerstenmehl und Eiern zu verschlucken giebt.
Das Weiße hat außer dem Küchennutzen noch die=
sen, daß es geschmeidig machend und erweichend
ist, daher die Heiserkeit benimmt, und eine gute
Stimme bewirkt. Ferner dient es zu einem guten
glänzenden Firniß, den man vorzüglich auf Gemäl=
den brauchen kann; dem Buchbinder zur Polirung
der Bücherrücken, zur Gründung beim Vergolden,
in den Salz= und Zuckersiedereien zur Klärung des
Salzes und Zuckers.

Wenn man die weißen Eierschalen recht klar
reibt, mit ungelöschtem Kalche und Wasser rein sie=
det, durchseihet, zu einem Teig macht, und
trocknet, so dient sie zu Fresko= und Pastellfarben.
Man soll sie auch zu den nachgemachten meerschäu=
mern Pfeifenköpfen, und zur Verfertigung verschie=
dener Arten von falschen Porcellan, zu dem feinen
Sande in die Sanduhren, zum Ausscheuern der
zinnernen Küchengeschirre brauchen. Daß vorzüglich
die Nonnen, die ganzen von dem Inwendigen be=
freiten Eierschaalen mit allerhand Zierrathen aus=
schmü=

schmücken und die verschiedenen Ostereier machen,
ist ganz bekannt.

§. 63.

Da nun die Eier eigentlich das vorzüglichste
sind, welches den Oekonomen bewegt, Hühner zu
halten, so muß ihm auch daran gelegen seyn, es
so einzurichten, daß er auch den Winter hindurch,
wo dieselben bekanntlich mehrentheils theuer sind,
dergleichen habe. Wie man die Hühner behandeln
müsse, damit sie auch im Winter zum Theil ihr
Futter bezahlen, und Eier liefern, haben wir bereits oben bemerkt, wie aber die Eier, ohne faul
zu werden, lange Zeit aufbewahrt werden können,
wollen wir nunmehro betrachten. Hier ist aber zuerst noch die Frage:

Woran erkennt man dann, ob die
Eier frisch oder alt sind?

Dies bemerkt man an der größern oder gerin-
gern Schwere; denn sobald ein Ei gelegt ist, pflegt
es durch die feinen Luftlöcher der Schaale täglich
auszudünsten, wodurch es in zehn oder elf Monaten fast um ein Drittel leichter wird. Man kann
demnach das Alter derselben so ziemlich durch eine
empfindliche Waage erkennen; übrigens darf man
sie auch nur an ein Licht halten, und acht geben,

N   ob

ob sie einige Feuchtigkeit von sich geben, oder ob
sie noch recht durchsichtig sind; denn beides ist ein
Zeichen, daß sie noch frisch sind.

Nun zur Entscheidung der Frage:
**Wie können Eier den Winter durch
gut erhalten werden?**

Da man weiß, daß die Wärme, nebst der
durch die zarten Haarröhrchen oder Oeffnungen der
Schaale bringenden Luft in den Eiern eine. Gährung bewirken, und sie so in Fäulniß bringen können, so ist wohl das natürlichste Mittel, daß man,
um die Eier lang vor dem Verderben aufzubewahren, der Wärme und dem Einbringen der Luft in
das Ei entgegenwirke. Dieses ist nun auf verschiedene Art möglich. Ich glaube aber, folgendes sey
die beste. Erstlich sammle man die zum Winter
aufzuhebende Eier im October; denn nach dieser
Zeit sorgt die Natur schon selbst davor, daß nicht
eine außerordentliche Wärme einen widrigen und
nachtheiligen Einfluß auf die Eier haben kann.
Zweitens lasse man sich eine viereckige Kiste, die wie
eine Komode, oder wie ein Koffer mit zwei Haub-
haben versehen ist, machen; sodann schütte man in
dieselbe eine Schichte Asche, worunter man auch
etwas Salz mischen kann, hierauf lege man eine
Schichte Eier so hinein, daß das Spitzende derselben

ben unter sich in der Asche stehet, und kein Ei das
andere berührt, nun schütte man, aber ganz behutsam, daß man keine Eier zerbreche, wieder eine
Schichte Asche darauf, so daß alle Zwischenräume
zwischen den Eiern ausgefüllt, und die Eier selbst
ganz bedeckt sind; hierauf stelle man abermals eine
Schichte Eier eben so wie die vorigen, sobann wieder eine Schichte Asche, und fahre so wechselseitig
mit Aufschichten der Eier und Asche fort, bis die
Kiste ganz voll ist; oben darauf aber mache man
wieder eine etwas dicke Schichte Asche, versehe die
Kiste sobann mit einem Deckel, und stelle sie an
einem mehr kühlen als warmen Ort. Da nun nach
öftern Beobachtungen selbst das Umwenden der
Eier zu ihrer Erhaltung sehr vieles beiträgt, so
wird man auch sehr wohl thun, die auf vorbe-
schriebene Art aufgeschichteten Eier alle Morgen umzuwenden. Im vorliegenden Falle hat man nun
nicht nöthig, jedes Ei einzeln herauszunehmen,
und es umzudrehen, sondern man darf da nur, da
die Eier fest zusammen gepackt liegen, nur die Kiste
an ihren beiden Handhaben anfassen, und sie so
mit den darin befindlichen Eiern auf einmal umwenden, und zugleich dabei versichert seyn, daß kein
Ei zerbrochen wird.

Nimmt

Nimmt man etwa zu seinem Gebrauche Eier
heraus, so muß man die dadurch entstehende lee=
ren Stellen wieder mit Asche und Salz ausfüllen,
weil sonst bei dem künftigen Umwenden der Kiste
alles durch einander fallen, und die Eier zerbrechen
würden.

Mit diesem Aufbewahrungsmittel kömmt auch
dasjenige ziemlich überein, welches in Nr. 35. des
diesjährigen Reichsanzeigers, so wie jenes, so in
Nr. 66. desselben empfohlen wird. Hier heißt es
Seite 386. so:

„Man läßt sich einige ganz einfache Tischgen
machen, die man im Winter leicht von einem Orte
zum andern tragen kann. Statt der Platte werden
dünne Breterchen in lauter kleinen hohlen Quadra=
ten, worin ein Ei stehen, und nicht durchfallen
kann, angebracht, und zwar drei bis vier solcher
hohlen Platten über einander, nachdem das Tisch=
gen hoch ist. Jede Platte muß einen guten Schuh
hoch über der andern seyn, damit die Eier nicht
in einander dünsten. In diese Hohlungen werden
die Eier so gestellt, daß das spitzige Ende unten zu
stehen kömmt. Vorher muß der daran klebende
Schmuz abgewaschen werden, aber behutsam, da=
mit nicht das geringste Rißchen in die Schaale
kömmt;

kömmt; sonst werden sie wegen der eindringenden
Luft faul. Auch muß man diejenigen Eier, die
man schon ohne allen Schmutz findet, genau bese-
hen, ob ein Ritzchen in der Schaale ist. Wird
man nichts gewahr, so kann man sie getrost in die
Höhlung stellen, und es wird sich zeigen, daß sie
sich den ganzen Winter hindurch halten. Ist der
Winter kalt, so trägt man seine Eiertischgen an
wärmere Orte — in warmen Tagen aber müssen sie
in einer kühlen Kammer stehen. — Bei diesem
Eiertischgen kann man genau wissen, welche Eier
die ältesten sind, und so kann man sie nach der
Reihen, wie sie aufgestellt werden, verbrauchen.
Eine zehnjährige Erfahrung hat bewiesen, daß dieses Mittel die obige Frage am besten beant-
wortet.

Im 66sten Stücke, welches kaum angeführt
worden, steht Seite 760. folgendes: „Seit zwei
Jahren verwahre ich die frischgelegten Eier in wohl
abgetrocknetem und durchsiebten Sande, welcher in
Kistchen ist. Die Eier stehen auf der Spitze im
Sande, und ein mit Bindfaden gezogenes Gitter
giebt die Richtung, daß 60 Stück in bester Ordnung stehen, ohne daß eins vom andern berührt
werde. Auf diese Art bleiben die Eier frisch und
gut, so daß von circa 1000 Eiern nicht eins ver-

N 3

dorben

dorben ift. Die Kiftchen haben keine Deckel, sondern find offen in meinem Keller, der vortrefflich
trocken ift."

§. 64.

Mehrere Oekonomen legen die aufzubewahren-
den Eier in Spreu, andere ftecken fie in Kleien,
noch andere in reinen und trockenen Sand, wieder
andere bewahren fie in Afche, noch andere in trok-
kenen Roggen- oder Kornhaufen, fo wie dann
mehrere, wie dies auch hier der Fall in Erfurt ift,
diefelben in Mehl aufheben und erhalten.

Es follen fich auch die Eier fehr lange halten,
wenn man fie, wie wir oben bei der Aufbewahrung
derfelben in einer Kifte bemerkten, in ein Faß mit
reinen Sand auffchichtet, den Sand anfeuchtet,
das Faß fefte zumacht, und in reines kaltes Waffer fenkt, oder wenn man die Eier in ein Faß, in
deffen Boden ein Zapfen angebracht ift, legt, fodann das Waffer darauf gießt, fo, daß die Eier
ganz überfchwemmt find, das Waffer alle Tage
abzapft und frifches darauf füllt.

In Nr. 46. des Reichsanzeigers von diefem
Jahre heißt es nach Reaumürs Bemerkungen, die
fich ganz auf unfere bereits oben feftgefetzten Grund-
fätze

sätze fassen, so: „Die Art, wie man die Eier be=
handeln soll, um sie frisch zu erhalten, ist folgende:
Erstlich müssen die Eier, welche man aufbewahren
will, wenn sie beschmutzt sind, rein abgewaschen
und wieder abgetrocknet werden; alsdann nimmt
man ein wenig Butter, Oel, Hammelsfett, eine
Speckschwarte oder andere fette Materie, und
überziehet damit die Eier dergestalt, daß nicht der
geringste Fleck übrig bleibt, der nicht mit Fett über=
strichen wäre. Man glaube aber nicht, daß das
Fett dicke aufgelegt werden müsse; eine dünne Lage
ist hinlänglich; man überfährt nur mit dem Finger
die Eierschaale überall, aber besonders am dicken
Ende, wo die Ausdünstung am stärksten zu seyn
scheint, damit das Fett an alle Orte hingebracht
werde: sollte es allenfalls zu dicke aufgelegt seyn,
so kann man mit einem Tuch das überflüßige wieder
abputzen; übrigens schadet es nichts. Zweitens: Als=
dann legt man die Eier zum Aufbewahren, wohin
man will, ohne alle Bedeckung auf und neben ein=
ander ins Trockne oder Feuchte, in Wärme oder
Kühle, nur nicht an Oerter, wo sie dem Frost aus=
gesetzt sind. Die Hitze können sie ohne allen Scha=
den aushalten. Ich hatte in einem Brütofen Eier
zum Ausbrüten gelegt; zwei auf obige Art mit Fett
überzogene Eier blieben sechs Wochen lang der Hitze
von 32 Grad des Reaumürschen Wetterglases aus=

gesetzt,

gesetzt, ohne daß sie im geringsten ausgedünstet
hätten, noch die mindeste Veränderung in denselben
vorgegangen wäre. Man muß aber doch aufmerksam
seyn, die Eier, die man behalten und mit Fett über-
ziehen will, frisch zunehmen; daß sie nicht schon
bedeckt seyen, weil sie sich sonst nicht halten würden.
Wenn das Ei einen, ja wohl nur einen halben Tag
unter einer Bruthenne gelegen, und darunter durch-
aus warm geworden, so ist schon zu befürchten,
daß eine Veränderung darin vorgegangen sey;
es würde also in Fäulniß übergehen. Wenigstens
weiß ich aus Erfahrung, daß, wenn die Schaale
sehr dünn ist, man schon am dritten Tage viele
Adern und den Embryo erblicken kann, welcher sich
hin und her bewegt, auch alle Tage seinen Stand
verändert. Es müssen also die Eier bei Zeiten
gesammelt werden, ehe sie vom Hahne bedeckt
werden.

Wenn die Eier mit Sorgfalt eingeschmiert sind,
so halten sie sich frisch, so lange als man will, in dem
Zustande, worin sie waren, als dieses Geschäft vor-
genommen worden. Sie bleiben nach einem Jahr
und gewiß noch länger zum Weichsieden gut. Ein
jeder der es versuchen will, wird finden, daß
keine Veränderung im Ei vorgehet, noch vorgehen
kann.

Das

Das Fett entspricht also dem Endzweck, wozu
es hier gebraucht wird, vollkommen; nemlich die
Eier vor Fäulniß zu bewahren und frisch zu erhalten. Es wäre nur zu wünschen, daß sie auch noch,
wenn sie eingeschmieret worden, zum Ausbrüten
dienen könnten; aber es ist nicht leicht, das auf-
gelegte Fett so abzukratzen, daß die Ausdünstung
wieder völlig hergestellt werden sollte."

§. 65.

Ein anderes Mittel, die Eier aufzubewahren,
soll noch folgendes seyn: Man bohrt nemlich in
ein langes Bret so viele Löcher, als man Eier auf-
behalten will, stellt sodann die Eier dergestalt in
diese Löcher, daß das Spitzende unten hin zu stehen
komme; ohne weiters etwas hierbei zu beobachten,
als daß man das Bret mit den Eiern an einen solchen Ort stelle, wo es kühl ist.

Einer meiner Freunde sagte mir erst vor kur-
zem: Ich bewahre die Eier im Winter folgender
Maaßen; ich nehme ein Körbchen, worein ungefähr
so viel Eier gehen, als ich im Winter für meinen
kleinen Haushalt brauche. In dieses Körbchen
lege ich nun die Eier ohne Beimischung einer andern Sache, und hänge sie so, nachdem ich den
Korbdeckel verschlossen habe, in meinem Vorsäl-

M 5   chen

chen auf, wo sie sich dann beim Durchzuge der Luft ganz frisch erhalten.

An der Wirksamkeit dieser beiden Mittel habe ich immer noch Ursach zu zweifeln, weil dabei weder das Ausdünsten der Eier, noch die Einwirkung der athmosphärischen Wärme, noch endlich das Eindringen der der Gährung so günstigen Luft gehindert wird. —

Bei jeder Aufbewahrungsmethode ists übrigens nöthig, daß die Eier nicht etwa Ritzchen haben, oder daß die innere Haut, welche die Höhlung umgiebt, geborsten sey. Um nun aber auch zu sehen, ob diese Haut wirklich gesprungen sey, oder nicht, so hält man das dicke Ende des Eies an die Zunge; ist es kalt und bleibt lange kalt, so ist die Blase gesprungen, und das Ei taugt zur Aufbewahrung nicht; ist es aber warm, oder wird sogleich warm, so ist sie nicht gesprungen. Die Ursach hiervon ist leicht begreiflich; dort wird die Schaale unmittelbar von dem Inwendigen des Eies berührt, hier aber nicht, und es ist ja bekannt, daß ein dichter Körper schwerer erwärmt werde, als ein dünner, wie hier die bloße Eierschaale.

Sollte

Sollte etwa im Winter ein oder das andere
Ei durch Zufall in der Küche frieren, so darf man
es nur in kaltes Wasser legen, und so den Frost
herausziehen lassen.

§. 66.

b) Die Benutzung der Federn.

Nicht alle Arten der Federn des mannichfaltigen Flügelwerks sind gleich gut und brauchbar.
Wir wollen sie gegenwärtig in der Ordnung, in
welcher wir die Lehre von der Cultur des Federviehes vorgetragen haben, betrachten. Daher:

1) Die Federn der Truthühner.

Die Federn dieses Hofgeflügels sind von einem
sehr geringen Werthe; sie sind weder so sanft, noch
so dauerhaft, als die Gänsefedern, sondern sehr
hart und schwer. Will man ganz genau ökonomisch
handeln und sie nicht umkommen lassen, so muß
man sie schleißen und recht trocken machen; worauf
man sie dann zu den Betten des Gesindes und zum
Ausstopfen der Canapées, die man an solche Orte
stellt, wo sie wenig gebraucht werden, verwenden
kann.

2) Die

**2) Die Federn der gemeinen Hof-
oder Haushühner.**

Was sich von den Federn der Truthühner sagen ließ, das gilt auch von diesen, nur kömmt das noch dazu, daß man die langen Schwanzfedern des Hahnes gefärbt und ungefärbt zu Sultanen, Federbüschen und zu Kehrbesen, die langen Hals- und Bürzelfedern gleichfalls zu Federbüschen und zu den sonst gebräuchlichen Federmüffen brauchen und sich der starken Schwanz- und Flügelfedern im Fall der Noth zum Schreiben und zu Federbällen bedienen kann. Uebrigens muß man auch die Hühnerfedern, die man zum Ausstopfen der Polster und Kissen brauchen will, recht gut austrocknen, sonst riechen sie sehr unangenehm.

3) Die Taubenfedern.

Obschon die Federn dieser Thierchen bei weitem das Weiche der Gänsefedern nicht haben, so wirft man sie doch selten weg. An manchen Orten sammeln die Dienstboten die Federn der Tauben und anderer Vögel, und dadurch hat sich schon manche arme Magd während ihrer Dienstjahre Federn zu einem ganzen Bette erspart. Daß dergleichen Bette freilich so gut nicht werden, als von Gänse- und Schwanenfedern oder von Eiderdunen, das ist wohl

ganz

ganj natürlich, allein es ist doch für einen armen Menschen immer gut, wenn er mit einem Bettchen versehen ist. Daß man in einem Bette von dergleichen gesammelten Federn, vorzüglich aber Taubenfedern nicht gut schlafen könne, und der Sterbende einen schweren Tod habe, das ist bloßes Vorurtheil und Aberglaube.

§. 67.
4) Die Gänsefedern.

Die Federn sind vorzüglich der Beweggrund, aus welchem der Oekonom Gänse zu halten pflegt, und eben diese sind es, welche die Gänsezucht zu einem nothwendigen Uebel machen.

Die Federn gewinnt man entweder:
von den lebendigen Gänsen, oder
von den Schlachtgänsen.

Denjenigen Gänsen, welche sich nicht zu gehöriger Zeit zum Brüten bequemen wollen, kann man die Bauchfedern ausraufen, um sie hierdurch von dem zu späten Brüten gänzlich abzuhalten, so wie man dann auch den Ganserten oder Gänserichen, wenn sie nicht mehr zum Befruchten der Gänse nöthig sind, ihre entbehrlichen Federn nehmen kann.

Ueber

Ueberhaupt aber rupft man die Gänse des Jahrs dreimal, und wenn man Geizhals seyn will, auch wohl viermal. Das erstemal kann man ihnen zu Anfange des Mais die Federn raufen, und damit jedesmal nach Verlauf von acht Wochen fortfahren, so daß die dritte Berupfung um Michaeli eintrifft. Nachher muß man keiner Gans mehr vor dem Schlachten, oder wenn man sie den Winter geben lassen will, vor dem Frühlinge die Federn nehmen; denn sie brauchen dieselben selbst zur Erwärmung ihres Körpers. — Die jungen Gänse, welche früh ausgebrütet sind, kann man um Johanni schon rupfen; dann wachsen ihnen die Federn vor der Mastungszeit noch einmal.

Beim Rupfen der Gänse ist es absolut nöthig,

α) Daß die Federn gehörig reif sind. Ist dies der Fall nicht, so enthalten sie noch zu viele Feuchtigkeit und sind dem Verderben unterworfen. Wenn man die Zeit der Reife nicht wahrnimmt, so fallen die Federn den Gänsen entweder von selbst aus, oder sie ziehen sie sich aus, um den jungen hervorkeimenden Platz zu machen.

β) Daß man den Gänsen ja nicht die Hals- und die Tragfedern, worauf eigentlich die Flügel ruhen, ausrupfe. Thut man dieses, so sieht es erstlich häßlich aus, und zweitens schleppen die Gänse

Gänfe die Flügel an der Seite her, als wenn fie
folche vor Mattigkeit gar nicht tragen könnten.

Die Gänfe liefern uns nun dreierlei Sorten
von Federn, nemlich:

a) Pflaums oder Staubfedern.

Diefe, welche unmittelbar auf der Haut, befonders unten am Bauche und an der Bruft fizen,
find eigentlich die allerweichften, und doch am mei-
ften elaftifch.

b) Die Rauf- und Schleißfedern.

Rauf- und Schleißfedern find diejenigen,
welche mit Kielen verfehen find, und deren Fahnen
man auf beiden Seiten abziehet.

c) Die Schwungfedern.

Diefe find diejenigen, welche man aus den
Schwingen oder Flügeln ziehet, theils gleichfalls
fchleißt, theils aber auch zu Schreibfpulen, Zahn-
ftochern u. d. gl. braucht.

Jede Sorte diefer Federn hebt man befonders
auf, damit fie nicht durch einander kommen, und
dann mit Mühe wieder fortirt werden müffen. Die
Pflaumfedern braucht man faft nur allein zu den
Kopf-

Kopfkissen und leichtesten Deckbetten, sehr oft vermengt man sie auch in den Deckbetten mit den übrigen leichten Federn. Der mittlern Sorte bedient man sich, nachdem man sie gehörig geschliffen hat, zu den Polstern und Unterbetten.

Weil aber die neuen Federn sehr übel riechen, und überhaupt noch nicht gehörig ausgetrocknet sind, so thut man sie in einen Sack oder in ein altes Indelt, legt sie in die Sonne, schlägt sie mit einem leichten Stocke täglich öfters durch, und hängt sie sodann an einem luftigen Orte auf, oder legt sie zwei bis drei Jahre lang unter andern Betten zu unterst und schüttelt sie öfters auf.

Sollten etwa in der Folge die Federn beim Gebrauch in den Betten vom Schweiße zusammengegangen seyn, so muß man sie wieder in Ordnung zu bringen suchen. Zu dem Ende läßt man sie etliche Wochen in freier Luft oben unter dem Dache hängen, leert sodann jedes Stück besonders in einer wohl verwahrten Kammer aus, läßt das Indelt, worin die Federn eingefaßt waren, sauber auswaschen und trocken werden; die Federn aber schlägt man erst vermittelst eines Gänseflügels durch ein Sieb mit weiten Löchern, damit die zarten und feinen davon fliegen und auf einen Haufen fal-

fahen. Was sich aber durch die Löcher des Sie-
bes auf den Boden senkt, arbeitet man durch ein
anderes Sieb mit engern Löchern, und reinigt es
von allem Staub und Unrath; was sich sodann
von Federn zusammenballt, zupft man aus einander, schlägt's gleich den vorigen durch ein Sieb,
faßt die ganze Federmasse wieder gehörig ein, legt
die Betten zu Zeiten an die Sonne, und benutzt sie
wieder, wie vorher.

<h2 style="text-align:center">§. 68.</h2>

5) Die Entenfedern.

Auch die Entenfedern, die man aber den Enten nicht bei lebendigem Leibe nimmt, dienen zu
Betten, da sie sich aber in denselben gern ballen,
und folglich nicht so gut, als die Gänsefedern find,
so kann man da folgender Maaßen helfen. Man
kocht in einem Kessel Wasser, wirft so viel unge-
löschten Kalk hinein, daß es einer Lauge ähnlich
wird, thut sodann die Entenfedern dazu und läßt
sie darin einigemal einen Sud thun, nimmt sie vermittelst eines Körbchens wieder heraus und spühlt
sie in reinem kalten Wasser ab. Hierauf thut man
sie in Siebe, stellt diese an die Sonne oder auf und
bei einem warmen Ofen, wendet und durchgreift

O   sie

sie oft. Hierdurch werden sie leicht und ballen sich nicht wieder in den Betten.

Uebrigens lassen sich die Federn, wie von allen Vögeln überhaupt, so auch von dem Hausgeflügel noch auf mannichfaltige Art benutzen, so wie wir zum Theil auch bereits oben bemerkt haben. Die Indianer befestigen die Federn ihrer schönen Papagayarten auf die nemliche Art, wie die Peruckenmacher die Haare auf die sogenannten Dreffen, und bedienen sich derselben sodann zu Kleidungsstücken, und Krünitz sagt im 12ten Bande der oben in der Einleitung angeführten Encyclopädie unter dem Artikel Feder: „Schöne Kleidungsstücke geben die mit der Haut abgezogenen Federn besonders von den Hälsen und Köpfen der Entriche und Tauben. Diese Stückchen Haut werden, damit sie nicht verderben, folgender Gestalt zubereitet. Man nagelt sie, ohne die Federn zu zerknicken, mit kleinen Nagelzwecken auf ein reines Bret, so, daß die Federn zu unterst kommen; alsdann nimmt man Kalkstein, der an der Luft in Staub zerfallen ist, ohne durch Wasser gelöscht zu seyn, streuet davon auf diese Haut, wenn sie noch feucht ist, etwa eines Fingers dick, und läßt es einen Monat lang darauf liegen. In dieser Zeit ver=

verjehrt der Kalk alle Feuchtigkeit der Haut, ziehet alles Fett heraus, und macht sie völlig geschickt, aller Fäulniß zu widerstehen, dabei benimmt er derselben den unangenehmen Geruch.
Nach einem Monate streicht und reibt man die
Haut, nachdem sie abgenagelt worden, sanft mit
der Hand, damit der Kalk abgehe, und sie geschmeidig werde; hernach klopft man sie sanft mit
einem Stöckchen, daß aller Staub herauskomme.
Die Federn werden ihre Schönheit unverletzt erhalten haben. Dergleichen Häute geben, wenn sie auf
Handschuhmacher Art mit Seide zusammen ge-
nähet werden, vortreffliche Verbrämungen auf
Pelze, Mannsmützen u. d. gl.

§. 69.
c) Die Benutzung des Fleisches.

Nicht nur die Eier und Federn sind es, warum man Federvieh hält, sondern auch das Fleisch
ist bei manchem ein ziemlich starker Bewegungs-
grund dazu. Ehe man aber in Rücksicht des Fleisches etwas Gutes gewinnen will, so muß man erst
darauf bedacht seyn, seinem ökonomischen Flügelwerke auch selbst dergleichen zu verschaffen.

Hier aber glücklich mit Vortheile vorschreiten
zu können, wird

D 2   Das

222

Das Mästen des Federviehes
erfordert.

Dieses Mästen selbst nun kann auf eine dop*
pelte Art geschehen, nemlich durch
die gemeine Mast, und durch
die poularderiemäßige Mast.
Wir wollen uns mit beiden Arten bekannt
machen; also:

1) Die gemeine Mast.

Diese besteht darin, daß man dem Flügel*
werke, indem man es entweder frei herum gehen
läßt, oder zusammen in einem großen Stalle ein*
sperrt, oder jedes Stück einzeln in einen engen
Stall einzwängt, tüchtig Körner, oder andere
Sachen, die es gern frißt, vorgiebt, oder es mit
den bekannten Gänsennudeln stopft. Hier zuerst:

Das gemeine Mästen der Truten.

Die Truthähne geben einen guten und ansehn*
lichen Braten, und daher verdient dieses Thier in
Rücksicht des Mästens allerdings alle Aufmerksam*
keit des Oekonomen. Man kann die Truthähne,
wenn sie noch jung sind, entweder castriren, oder
auch unverschnitten herumgehen lassen. In jedem
Falle ist es aber nöthig, daß man es ihnen nicht

an

an Futter fehlen lasse; denn sie sind ganz entsetz-
liche Fresser, und eben dieses macht es auch, daß
sie sich, wenn sie voll auf Futter bekommen, recht
gut mästen. Ihr Maßfutter selbst aber besteht in
Hafer, Gerste oder türkischem Walzen; je nachdem
man mit einem oder dem andern am besten versehen ist, oder auch blos in Brod, welches man
in Bier einweicht. Eine Hauptsache ist, daß
man ihnen Morgens, Mittags und Abends eine
rechte tüchtige Portion gebe und ihnen ein Gefäß
mit Wasser, worunter man Wassersand gethan hat,
vorsetze. Daß der türkische Walzen eins der vorzüglichsten Maßfutter sey, ist hinlänglich bekannt;
daß aber auch selbst der Hafer im Stande sey die
wälschen Hähne und Hühner fett zu machen, hat
mir eine diesjährige Erfahrung gelehrt. Man darf
aber bei dieser Maß die Körner nicht einzeln vorwerfen, sondern muß sie entweder in einem Gefäße
vorsetzen, oder in einem Häufchen vorschütten; denn
dieses Flügelwerk nimmt statt einzelner Körnchen,
gleich ein ganz Maul voll.

Das gemeine Mästen der Hofhühner und Hähner.

Auch junge Hofhähne sind, nachdem sie ein
Paar Monate zurückgelegt haben, ohne poularde-
rienmäßig gemästet zu seyn, eine angenehme Speise.

Es

214

Es ist daher nöthig, daß man diese Thiere ja nicht
Noth leiden lasse, sondern recht gut füttere, wo,
bei man sie dann entweder im Freien herumgehen
lassen, oder auch einsperren kann, welches letztere
vorzüglich bei alten Hühnern, die man bei Mahl,
zeiten in Reis und Suppen kochen will, sehr em,
pfehlungswürdig ist. — Ihr vorzüglichstes Futter
besteht in Gerste und mitunter auch in kleine Wür,
felchen geschnittenen Brodstückchen, und ihr Saw,
fen in reinem Wasser, worunter man gleichfalls
etwas Wassersand mischen kann. — So gut wirk,
lich der Hafer als Mastfutter für die Truten ge,
braucht werden kann, so ist dieses doch der Fall bei
den gemeinen Hof, oder Haushühnern nicht.

Die ganz jungen Hühner verdienen billig eine
Delikatesse genennt zu werden, und sind die zar,
teste, leichteste und weichste Speise. Sie behalten
ihr zartes Fleisch, so lang sie noch halbgewachsene
Hühner sind. In etwas ändert sich dasselbe, wenn
sie beinah die Größe eines alten Huhns erreicht ha,
ben. Sie werden bis dahin nur noch gebraten;
Sobald sie aber einem alten Huhne gleich geworden
sind, pflegt man sie lieber zu kochen. Die Henne
hat, vorzüglich, wenn sie noch nicht gebrütet hat,
ein in aller Rücksicht gesundes Fleisch, welches
Kranken und Schwachen, vorzüglich Schwindsüch,
tigen

tigen eine leichte und heilfame Nahrung giebt. Das
Hühnerfett ist im geringsten nicht beschwerlich; die
Brühen aber sind erweichend, gelinde, lariend
und sehr nahrhaft.

Man muß sich nicht fürchten, von dem Ge-
nuffe des Hühnerfleisches das Podagra zu bekommen, weil etwa die Hühner bisweilen diesem Uebel
unterworfen sind. Wäre dieses der Fall, so müßten
sich uns auch alle die Krankheiten, die den Thieren, von denen wir essen, gemein sind, mitthei-
len, welches doch der Erfahrung widerspricht.

Das gemeine Mästen junger Tauben.

Junge Tauben pflegen gewöhnlich nicht gemästet zu werden; denn sie sind bei guter Fütterung
der Alten, oder um die Erndtezeit, wenn solche
ins Feld fliegen, ohnehin fett und gut zu verspeisen,
wenn es anders eben nicht zur Zeit der Leinsaat ist,
da sie einen unangenehmen Leingeschmack haben.

Wie man aber diese Thierchen poularderiemäßig mästen müsse, werden wir weiter unten
lehren.

§. 70.
Das gemeine Mästen der Gänse.

Unter den mancherlei Arten von Federvieh
liefert eine fette Gans einen der ansehnlichsten und

D 4

be-

216

beliebteſten Braten, nebſt dieſem auch noch, wenn
ſie recht gut gemäſtet worden, eine ziemliche Quan⸗
tität Fett, das dann auf verſchiedene Art benuzt
werden kann.

Die vorzüglichſte Jahrzeit zum Mäſten dieſer
Thiere iſt nun vom Herbſte bis Weihnachten; denn
bis den Herbſt kommen die jungen Gänſe, die vor⸗
züglich zum Braten tauglich ſind, zu ihrer voll⸗
kommenen Größe, und gedeihen dann wegen der
kühlen Witterung beſſer im Fettwerden. Man
verſpeißt zwar auch in der Erndte ſchon junge Früh⸗
gänſe, ſobald ſie Kreuz geſchlagen haben, allein
man kann dieſe doch keine gemäſteten Gänſe nen⸗
nen. — Iſt aber einmal Weihnachten vorbei,
und das Neujahr tritt ein, ſo fängt ſchon der Ge⸗
ſchlechtstrieb an zu wirken, und das Mäſten geht
bei weitem nicht mehr ſo gut vorwärts, als vorher.
Uebrigens ſollen die Gänſe ein fetteres, beſſeres,
zärteres und delikateres Fleiſch liefern, als die
Ganſerte.

Man mäſtet die Gänſe entweder in einem
großen Stalle, worin ſie alle beiſammen gehalten
werden, oder in kleinen, beſonders dazu eingerichte⸗
ten Behältern, worin jedesmal nur eine Gans und
zwar ſo eng eingeſchloſſen iſt, daß ſie ſich kaum
regen

regen kann. Von der Einrichtung dieser leztern Ställchen handeln wir nachher, wenn wir von dem poularderiemäßigen Mästen reden.

Das Futter, womit man die Gänse mästet, hat bei diesen Thieren einen besondern starken Einfluß auf den Geschmack ihres Fleisches, und die Futterordnung einen merklichen Einfluß auf das bald oder später Fettwerden. Man mästet die Gänse entweder mit Wurzelgewächsen, Körnern, oder stopft sie mit Nudeln aus Mehl oder mit grosen Fruchtkörnern.

Das Mästen der Gänse mit Wurzelgewächsen und Körnern.

Unter den Wurzelgewächsen sind die gelben Rüben oder Möhren, als ein recht gutes Mastfutter bekannt. Man stampft oder schneidet sie entweder klein, und setzt sie sodann den Gänsen in ihrem Futtertrögelchen vor, vertvechselt sie aber zu letzt mit Körnern, weil sie sonst nur ein gelbes eben nicht besonders gutschmeckendes Fleisch liefern.

Ueberhaupt aber sind doch Körner zum Mästen weit besser als Wurzelgewächse. Und auch hier tritt wieder ein großer Unterschied ein. Man mästet nemlich:

D 5   1) mit

1) mit Hafer,
2) mit Gerste,
3) mit türkischem Waizen, und
4) mit Buchwaizen oder Heidekorn.

Man kann diese Körner oder Sackfrüchte vorher erst einquellen, und sie dann den Gänsen, jedoch ohne Beimischung von Wasser in ihren Freßtrögen vorsetzen. Hafer und Buchwaizen liefern wirklich ein ganz vortreffliches und sehr angenehm schmeckendes Fleisch. — Ich habe überhaupt die Bemerkung gemacht, daß Hafer bei Truten und Gänsen weit besser als Mastungsmittel wirkt, als bei jeder andern Thiergattung. Der türkische Waizen aber hat mir im verflossenen Herbste Gänse geliefert, deren Fleisch ich wirklich unter das delikateste zählen muß. Uebrigens thut man sehr wohl wenn man gelbe Ruben in kleine Stückchen hackt oder schneidet, Gerstenschrot und Hafer darunter mischt, und dieses Gemische den Gänsen vorsetzt.

In England mästet man die Gänse mit geschrotenem Malze, welches man vorher mit Milch eingerührt hat, oder auch mit Gerstenmehle, das man mit Wasser zu einer Art von Teig gemacht hat. An einen andern Ort des Stalles stellt man ein Gefäß mit gekochtem Hafer und ein anderes
mit

mit Waſſer für ſie, ſo daß ſie nach Wohlgefallen
mit ihrem Futter abwechſeln können, welches ihnen
dann außerordentlich wohl gedeihet.

Der Herr von Hohberg ſchlägt noch eine
andere Maſſungsart, welche nach Stoißner
Bemerkung in einigen Ländern die Soldaten vornehmen ſollen, vor. Man nimmt nemlich ein
großes Roggen- oder Gerſtenbrod, macht oben in
der Mitte ein kleines Loch hinein, ſo groß als ein
Daumen, ſchüttet Hafer darein, gießt Bier darauf,
und ſezt es der Gans alſo vor. Wenn die Gans
den Hafer heraus zu ſuchen anfängt, macht ſie das
Loch im Brode größer, und auf dieſe Art gewöhnt ſie ſich nach und nach, Brod mit Bier zu
freſſen. Man befeuchtet alsdann das Brod immer-
fort mit Bier. Innerhalb vierzehn Tagen wird das
Brod gar aufgefreſſen, und die Gans zum Schlachten tauglich ſeyn.

§. 71.

Das Mäſten der Gänſe durchs Stopfen.

Wenn man wahrhaft wirthſchaftlich handeln
und in einer beſtimmten Zeit Gänſe feil haben will,
die nicht nur einen guten Braten, ſondern auch
eine ziemliche Menge Schmalz liefern ſollen, ſo iſt
nichts

nichts besseres als das Stopfen derselben. Dieses Stopfen geschieht nun:

a) entweder mit Nudeln aus Mehl, oder

b) mit ganzen Körnern.

a) Das Stopfen der Gänse mit Nudeln.

Was die Verfertigung der Nudeln oder Gänsewelger betrifft, so nimmt man Gerstenmehl und mischt Mehl von Buchwaizen, wenn man nemlich damit versehen ist, darunter, und macht sodann hieraus vermittelst Einknetung mit Wasser einen steifen Teig, bricht von diesem Teige Stücke einer Faust groß ab, welgert sie auf einer Kuchenschüssel, oder Kuchenschenne, worauf man vorher, um das Ankleben zu verhindern, trocknes Mehl streuet, in lange Stücke, so daß diese runde Fingers dicke Stäbe vorstellen. Sobann schneidet man diese Stäbe entweder mit einem Messer zu solchen Stückchen, daß jedes eine Nudel geben kann, oder man reißt sie blos mit den Fingern ab. Diese abgeschnittenen oder abgerissenen Stückchen welgert man nun zwischen beiden Händen in ihre gehörige Form, welche der Gestalt einer großen Eichel ziemlich nah kömmt. Weil aber die annoch feuchten und weichen Nudeln um den sechsten oder achten Theil eintrocknen und mithin kleiner werden, so macht man sie

etwas

etwas dicker, als eine Eichel, solche überhaupt
aber auch oben und unten etwas abgerundet, damit
sie nicht zu spitz sind. Das Augenmaaß muß hier
alles thun. Eine Hauptsache ist, daß man sie weder zu klein, noch zu dick mache; denn im ersten
Falle nimmt in der Folge das Stopfen zu viel Zeit
weg, und im lezten können die Nudeln den Schlund
nicht passiren. Die zweckdienlich bereiteten und geformten Nudeln trocknet man nun entweder auf
einem warmen Stubenofen, so wie dies in hiesiger
Gegend allgemein der Fall ist, oder auch in einem
Backofen, so, daß sie ganz hart werden, und hebt
sie sodann zum Gebrauche auf. Man darf aber
ja nicht vergessen, einen hinlänglichen Vorrath von
dergleichen Nudeln zu machen, damit sie nicht etwa
fehlen und das Mästen unterbrochen werde.

Wenn diese Nudeln nun gebraucht werden sollen, so setzt man eine Schüssel mit lauwarmen Wasser hin, wirft eine Portion Nudeln, soviel man
derselben ungefehr eben nöthig haben dürfte, hinein, und braucht sie sodann folgender Gestalt:
Man nimmt die Gans, die man etliche Wochen
vorher schon gut gefüttert hat, aus ihrem Ställchen, schlägt ein Handtuch ein paarmal um sie herum, daß sie sich nicht regen kann, setzt sich auf einen
Stuhl und setzt sie so, daß ihr Kopf grad gegen
einen

einen zu stehen kömmt; nun sperrt man ihr den
Schnabel wohl aus einander und hält ihn mit dem
Daumen und den zwei Vorderfingern der linken
Hand offen, und stopfet mit der rechten die Nudeln
tief in den Hals und läßt nicht zu, daß die Gans
während des Stopfens schreie; denn thut sie
dieses, so gehen die Nudeln nicht hinunter, sondern kommen wieder hervor, oder sind es Körner,
mit denen man stopft, so kommen diese leicht in die
Luftröhre, und man hat dann seine Noth, sie wieder heraus zu bekommen. Das Erweichen der
Nudeln in dem warmen Wasser dient dazu, daß
solche geschmeidiger und glitschender werden, und
desto leichter hinunterrutschen. Man hat übrigens
bei diesem Stopfen nicht nöthig, daß man bei jedem Einstopfen einer Nudel der Gans den Schnabel fahren lasse, um solche hinunter zu schlucken,
sondern man kann fünf bis sechs Nudeln nach einander einstopfen, alsdann erst den Schnabel zusam-
mendrücken und mit der einen Hand die Nudeln
äußerlich hinabstreichen.

§. 72.

b) Das Stopfen der Gänse mit ganzen
Körnern.

Wenn man sich ganzer Körner zum Stopfen
der Gänse bedienen will, so muß man solche wäh-

len, die nicht klein und spitzig sind; denn es ist
sonst leicht möglich, daß hier und da eins oder das
andere in die Luftröhre schlüpft.   Die besten Körner sind demnach:
. der türkische Waizen. und
. die Erbsen, und zwar solche, die man. unter
   die großen zu zählen pflegt.

Recht gut ist es, wenn man dergleichen Körner, ehe man sie braucht, erst einquellt; denn es
ist leicht möglich, daß solche unaufgequellte Körner,
wenn sie in den Kropf des Thieres kommen, zu
stark quellen und dann bewirken, daß ein solches
Thier ersticken und crepiren muß.   Nur muß man
beim Stopfen mit dergleichen Früchten auch acht
geben, ob die die Gans nach dem Stopfen nicht
versuche die Früchte wieder aus dem Halse zu
schleudern, und so den Kropf wieder leer zu machen.   Merkt man dieses, so legt man sich jedes
mal einen Brocken Brod zur Hand, und schneidet,
wenn man fertig mit Stopfen ist, eine starke Stopf-
nudel davon ab, steckt dann diese der Gans zuletzt
in den Hals auf die Körner, und verbietet ihr so
hierdurch das Ausschleudern der Körner.

Wie oft man überhaupt des Tages stopfen
müsse, muß eigentlich das Mastfutter, dessen man
sich

ſich zum Stopfen bedient, beſtimmen. Bei aus
Mehl verfertigten Nudeln gehet die Verdauung
geſchwinder, als bei Nudeln aus grobem Schrote,
oder bei ganzen, annoch rohen Fruchtkörnern.
— Beſtehen demnach die Nudeln aus lauter Mehlteig,
ſo ſtopft man des Tags viermal, nemlich des Morgens um fünf Uhr, Vormittags zehn Uhr, Nachmittags drei Uhr und Abends neun Uhr; beſtehen
aber die Nudeln aus grobem Schrote, oder das
Futter aus rohen Körnern, ſo ſtopft man des Tags
nur dreimal, nemlich Frühmorgens, Mittags und
Abends. Man muß die Gänſe nie ſtopfen, wenn
ſie noch unverdauetes Futter im Kropfe haben;
genug man muß hier die Natur nie übereilen wollen. Da übrigens bei einem ungeſtümmen und ge-
waltſamen Ein- und Ausheben der Gänſe leicht ein
Flügel zerbrochen, verrenkt oder auch ſonſt eine
Quetſchung geſchehen könnte, ſo iſt es rathſam und
nothwendig, daß das Einheben ſowohl als das
Ausheben mit gehöriger Behutſamkeit geſchehe,
und nicht durch Fahrläſſigkeit ſo ein armes Thier
verunglimpft und ſo in Rückſicht des Mäſtens zu-
rückgeworfen werde.

Wem es darum zu thun iſt, daß die Gänſe
große Lebern bekommen ſollen, ſo kann man auf
eine doppelte Art verfahren. Man thut nemlich
unter

unter einen Theil des Nudelteigs von Gerstenschrot. und grobem Mehle etwas Pfeffer, halb so viel Ingwer und Salz, macht sodann aus diesem Teige Nudeln, und stopft so die Gänse wöchentlich ein paar mal jedesmal zwei dergleichen ein, oder man thut in der ersten und zweiten Woche der Mastzeit unter einen steifen Teig von Gerstenschrot eine Messer=spitze voll rohen Spiesglases und läßt die Gänse dieses Gemengsel fressen, wobei man dann auch, so wie überhaupt während der Mastzeit, Holzkohlen in dem Sauftroge halten, oder auch etwas Koß=lenpulver unter den Nudelteig kneten kann. Man kann es aber auch so, wie die Juden machen; nemlich die Gans in ein Tuch binden, so daß wei=ter nichts als der Kopf und der Hintere heraus=guckt, ihr die Ohren verstopfen, sie so in eine dunkle Kammer hängen, tüchtig stopfen und im Sauffaufer oder auch, wie kaum bemerkt worden, in dem Nu=delteige etwas Kohlenpulver mit zu fressen geben. Eine Hauptsache bei allem ist aber, daß man das Vieh so füttere, daß es recht fett werde; ist das der Fall, so wird auch schon die Leber eine ansehn=liche Größe bekommen; denn das Fett dehnt sie vorzüglich aus.

§. 73.
Das gemeine Mästen der Enten.

Ueber das Mästen der Enten können wir wei=

P   ter

ter nichts bemerken, als was wir bereits über das
Mästen der Gänse gesagt haben; denn ihr Mastfutter ist das nemliche, und sie mästen sich, da sie
außerordentliche starke Fresser sind, noch leichter
als die Gänse. Sie so, wie die Gänse mit Nudeln
oder Körnern zu stopfen, ist nicht gebräuchlich und
auch nicht nöthig, wie sie aber poularderiemäßig
behandelt werden, bekommen wir weiter unten.

Will man etwa junge Enten verspeisen, welches man am liebsten thut, wenn sie sich ausgefe-
dert haben, so braucht man sie gar nicht einmal
besonders zu mästen, sondern man darf sie nur
Morgens und Abends, wenn sie den Tag über
aufs Wasser gehen, mit kleingeschnittenem Salat
oder Krautblättern mit Schrot oder grobem Mehle
vermengt füttern; denn beim Genusse dieses Ge-
mengsels werden sie recht zum Braten.

§. 74.
2) Die poularderiemäßige Mast des
Flügelwerks.

So allgemein und so gut das gemeine Mästen
auch ist, so kömmt es doch dem poularderiemäßigen bei weitem nicht bei; denn bei jener Mästungs-
methode wird das Fleisch weder so delicat, noch
das Fett so fein, als bei dieser, sondern das Fleisch
bleib

bleibt bräunlich und das Fett gelb; da hingegen
das Fleisch des poularderiemäßig gemästeten Thieres ganz weiß bleibt und mit einem eben so feinem
Fette versehen ist, gleichsam auf der Zunge zergeht
und ganz Nahrung für den menschlichen Körper
ist. Ehe man nun aber zu dem poularderiemäßigen Mästen schreitet, muß man erst mit zweckdienlichen Stallungen und Behältnissen oder Ständen
versehen seyn. Da es aber bei dieser Mästungs-
methode eine Hauptsache ist, daß das zu mästende
Vieh, so wenig Bewegung habe, als nur immer
möglich ist, so ist es auch nöthig, daß die Stellung
oder der Stand für jedes der Mast zu übergeben-
den Thieres so eng gemacht werde, daß das Thier
sich nicht leicht umwenden kann, sondern auf einem
Flecke stehen oder sitzen bleiben muß. Will
man nun die Sache im Großen, als ein eignes
Nahrungsgeschäft treiben, welches in oder doch in
der Nachbarschaft großer und volkreicher Städte
sehr zu empfehlen ist, so muß man eine besondere
Kammer zu den anzulegenden Mastställchen oder
Ständen wählen, sie mit einem Ofen versehen, um
bei starkem Froste gehörig einheizen und dadurch
das Einfrieren des Gesöffs verhindern zu können.
Will man hingegen das Flügelwerk blos für seinen
eignen Tisch, oder für seine eigne Oekonomie poularderiemäßig mästen, so hat man eben keine beson-

P 2   dere

dere Kammer dazu nöthig, sondern da darf man nur einen gelegenen Ort im Hause wählen, wo es weder zu stark friert, noch wo Hunde und Katzen hinkommen, und die vorgesezte Milch wegsaufen können. An den Seiten der gewählten Kammer oder des sonst ausgesuchten Platzes bringe man die Maststälchen oder Stände, die man auch Steigen oder Einstallungen nennt, an, so daß dieselben nach Maaßgabe der verschiedenen Größe des zu mästenden Flügelwerks über einander zu stehen kommen. Man nagelt nemlich diese Stellagen von Bretern zusammen und macht jedes Behältniß so groß, daß grad das Thier, welches man darin aufstellen will, Plaz hat. Alle diese Stände oder Einstallungen stehen etwas erhaben, nemlich etwas von dem Boden entfernt, damit man den herunterfallenden Koth wegrücken oder wegkehren kann. Die unterste Stellage enthält die Fächer oder Einstallungen für das größere Federvieh, die unmittelbar darauf folgende die Behältnisse für das etwas kleinere und so fort, wie es das Verhältniß der Größe der zu mästenden ökonomischen Vögel erheischt. Das Fußbret von einem jeden Stande, Behälter, oder einer jeden Einstallung läßt man vorn drei gute Zolle zum Vorstellen der Saufgeschirre vorragen, und hinten eben so viel zum Abfalle des Mistes fehlen. Der zweite Stand,

der

der grab über dem ersten angebracht ist, muß über
diesem so viel zurückstehen, daß der Roth des Viehes aus demselben hinter jenem zur Erbe fallen
kann; übrigens muß auch das Stand= oder Fuß=
bret von diesem zweiten Behälter so viel vorstehen,
und hinten an demselben so viel fehlen, daß man
vorn das Saufgeschirr hinstellen, und daß hinten
der Roth durchfallen kann. So werden nun die
Behälter nach Maßgabe der Menge des zu mä=
stenden Viehes über einander fortgeführt, so daß
das Ganze wie ein Bücherschrank aussiehet. Nun
hat man zwei Wege die Einrichtung zu treffen,
das Mastvieh in das Behältniß setzen und es nach
Bedürfniß herausnehmen zu können, ihm zugleich
aber auch Gelegenheit zu verschaffen, die ihm vor=
gestellten Saufgeschirre bequem erreichen zu können.
Man läßt nemlich das Vorderbret ganz weg, so,
daß man ganz offen in das Behältniß sehen kann.
Damit aber das eben da vorn hineingesteckte Vieh
nicht heraushüpfen könne, so macht man oben
durch den Deckel des Behältnisses und unten in das
Fuß= oder Bodenbret desselben ein grad auf einan=
der passendes viereckichtes Loch, um dadurch einen
gleichfalls hineinpassenden viereckichten Stab vor=
stecken zu können. Auf beiden Seiten dieses vor=
gesteckten Stabes bleibt immer so viel Platz, daß
das Thier seinen Kopf ganz bequem herausstecken

P 3

und

und saufen kann. Will man das Thier herausnehmen, so darf man nur die vorgesteckten Riegel herausziehen, und man wird dieses Herausnehmen
ganz bequem verrichten können. Hat man nur
eine einfache Stellage, d. h. eine solche, wo nur
eine Reihe Behälter an einander weg-sind, ohne
noch andere über sich zu haben, da kann man auch
ein Vorderbret mit einspunden, jedoch in die Mitte
desselben ein längliches Loch machen lassen, daß
das eingesperrte Vieh mit seinem Kopfe heraus
und nach dem Saufgefäße kann. Weil man aber
zu dieser Oeffnung das Thier nicht selbst heraushohlen kann, so macht man den Deckel der Behältnisse oder Stände durch ein Paar von Eisenbleche
oder auch blos von Leder angebrachte Bänder be-
weglich, so daß man sie nach Bedürfnisse bequem
öffnen, wieder verschließen und durch ein eisernes
Hälchen fest zuhalten kann. Auf eine ähnliche
Art hat es unser hiesige Poularbier Butziger.

Für die Tauben braucht man solche Stellun-
gen oder Behälter nicht, sondern diese Thierchen
thut man blos in viereckichte Gitterkörbe, die nicht
zu hoch, aber auch nicht zu weit seyn dürfen; damit man durch eine kleine Fallthür, die am besten
oben angebracht ist, sie gemächlich aus und einstek-
ken kann.

Zu

Zu Saufgeschirren für die Thiere nimmt man
kleine ausglasurte töpferne Trögelchen mit breiten
Böden, damit sie desto besser und fester stehen, ihre
Form mag übrigens seyn, wie sie will. Um aber
doch ein ordentliches Maaß zu haben, so lasse
man sich für Kapaunen und kleineres Mastvieh ungefehr solche Trögelchen machen, die fünf Zoll lang,
drei Zoll breit und zwei Zoll hoch sind. Für Gänse
und Enten aber lasse man die Geschirre wegen der
verschiedenen Art zu saufen, länger, breiter und
höher machen. Man thut am besten, man bestellt
sie grad so lang, als ihr Behältniß oder ihr Ställchen ist, dann vier Zoll breit und. drei Zoll lang.
Ist dies der Fall, so wird durch das Ablaufen aus
ihren Schnäbeln nicht zu viel außerhalb der Geschirre fallen und so für die Thiere verloren gehen.

§. 75.

Da sich das castrirte oder verschnittene Federvieh am besten mästen läßt, das delikateste Fleisch
und feinste Fett bekommt, so pflegt man die Truthähne und Hühner, die jungen Hofhähne und Hühner dem Castriren zu unterwerfen; Gänse, Enten
und Tauben aber sind bisher dieser schmerzhaften
Operation entgangen, obschon sie wahrscheinlicher
Weise dazu gleiche Geschicklichkeit haben.

Wie und wann die jungen Hähne zu castriren,
verstehen in unserer Gegend viele Bauernweiber;

P 4   wie

wie aber die jungen Hühner, sowohl Truten als
gemeine Hofhühner castrirt werden müssen, ist
ihnen weniger bekannt. Wir wollen aber hier die
ganze Verschneidungsart sowohl der Hähne, als
auch der Hühner vorlegen. Diese Operation können nun zwei, oder auch nur eine Person verrichten. Ich habe es auf beiderlei Art gesehen.

Was das Castriren der Hofhähne betrifft, so
sucht man hierzu sehr frühzeitig, und wenn es seyn
kann, diejenigen aus, welche zuerst im Jahre erzogen sind; denn diese können den Sommer hindurch
recht auswachsen. Unter diesen Hähnen wählt
man gern jene, welche einen einfachen Kamm, die
größten Sporn, die freilich um diese Zeit noch ziemlich klein sind, und blaue Backen haben. Wenn
diese nun Johanni anfangen zu krähen und Lust
zum Begatten zeigen, so beginnt die Verschneid-
dung. Wenn man aber um diese Zeit dergleichen
Hähne noch nicht hat, so muß und kann man
freilich warten, bis sie herangewachsen sind, und
dem Castriren unterworfen werden können. Nur
darf dieses nicht zu spät in den Herbst fallen; denn
da werden die Thierchen zu sehr von der Kälte ge-
drückt, und es wird nichts draus.

Wenn zwei Personen das Castriren verrichten
müssen, welches der gewöhnlichste Fall ist, so
nimmt die eine den Hahn und legt ihn umgewandt

mit

mit dem Rücken in die beiden flachen Hände, so
daß der Hintere gegen die andere Person hinsiehet.
Mit beiden Daumen drückt die Person, welche den
Hahn hält, die zwei Füße bis zur Seite des Leibes
nieder, und hält das Thier, jedoch ohne es zu drü=
cken, so fest, daß es sich nicht rühren kann, giebt
ihm dabei die Richtung, daß es mit dem Steiße
etwas aufwärts gegen die Person liegt, welche
das Cästriren eigentlich verrichten soll. Diese Per=
son rupft einen guten Finger breit unter dem
Steiße die Federn ganz behutsam und einzeln aus;
macht sodann in dieser Gegend mit einem sehr schar=
fen Federmesser einen ungefähr drei Viertel Zoll
langen Querschnitt mit solcher Behutsamkeit, daß
sie die hervortretende Gedärme nicht beschädiget.
Ist diese Oeffnung gemacht und siehet man die
Eingeweide, so befeuchtet man den Zeigefinger der
rechten Hand mit Oele, oder auch, welches wirk=
lich einerlei ist, nur mit Wasser, greift sodann auf
der linken Seite des Einschnitts neben dem Einge=
weide bis oben an den Rücken hinein, in welcher
Gegend auf jeder Seite eine Hode wie ein länglich
geschälter Mandelkern zu fühlen ist. Diese Hoden
schiebt und schält man mit vieler Behutsamkeit ab,
und zwar zuerst die rechte und sodann die linke.
Wenn man hier nicht gehörige Behutsamkeit an=
wendet, und etwa Gewalt ausübt, so geht den

Augen=

Augenblick eine Zerreißung oder Quetschung der
zarten Blutgefäße vor; es tritt eine Entzündung,
hierauf der Brand ein, und das Thier crepirt.
Dieses ist eben die Hauptursache, warum so viele
Kapaunen, theils gleich unter der Operation, und
theils auch wohl erst einige Stunden nachher ihren
Geist aufgeben. — Da aber die Hoden leicht in
die kleinen Rückenhöhlungen schlupfen und dann
nicht wohl ergriffen werden können, so ist es nöthig, daß man bei dem Herausnehmen derselben,
den Finger immer ein wenig biege, so daß die Hoden grad in die Krümmung desselben zu liegen
kommen, worauf man dieselben mit dem gebogenen Finger herauszieht, die vorgetretenen Gebär-
me zurückstopft, und dann die Oeffnung zunähet
und die Wunde mit Asche bestreuet. Es ist weder
nöthig, daß man ein wenig Butter in die Oeffnung stecke, noch die Oeffnung mit Seide vernähe,
noch endlich die Wunde mit Baumöle bestreiche.
Ist alles nun so weit geschehen, so schneidet man
dem neuen Castraten die Sporn an den Füßen ab,
wirft sie entweder weg, oder hebt sie zu dem Gebrauche auf, wovon wir sogleich reden werden; die
durch das Abschneiden der Sporn verursachten
Wunden bestreuet man blos mit Asche. Nun wendet man den verschnittenen in der Hand um, so
daß er aufrecht sitzt, und schneidet ihm mit einer
Schere

Scheere oder mit einem scharfen Federmesser den
Kamm und die Kehllippchen ab, und drückt, wenn
man will, in den noch blutenden Kamm, entweder
einen oder beide abgeschnittene Sporn, welche;
wenn sie das Thier nicht etwa abkratzt, gern sitzen
bleiben, und mit dem Wachsthume desselben wie
ein Pfropfreis mit zunehmen und ihre sonst natürliche Größe erlangen. Die Verwundung bestreuet
man mit Asche.

Wenn nur eine Person das Castriren verrich-
tet, so wie dies unser hiesige Poularbier thut, so
setzt sich dieselbe auf einen Stuhl oder Stein, was
von beiden eben bei der Hand ist, bindet dem jungen Hahne die Beine zusammen, stellt ein Schüss-
selchen mit Wasser neben sich, steckt den gebunde-
nen Hahn zwischen seine Beine, sodaß der Steiß
oben steht, und den Poularbier grad anguckt; rupft
sodann etwas Federn in der Gegend, wo der Einschnitt geschehen muß, aus, und macht mit einem
scharfen Federmesser den gehörigen Einschnitt,
tunkt den Finger in das neben ihm stehende Näpfchen mit Wasser, und hölt die Hoden auf oben beschriebene Art heraus, und fährt auch mit der ganzen Operation so fort, wie wir gleichfalls kurz vorher bemerkt haben. Die Castraten stellt man nun
einen Tag in den Stall, füttert sie ordentlich und
stellt

ftelle ihnen ein Gefäß mit Waffer hin, damit sie
nach Nrdürfniß saufen können; denn etliche Tage
nach ausgestandener Verschneidung haben sie großen Durst. —

Daß man an die Stelle der herausgenomme-
nen Hoden ein Paar kleine Muskatennüsse einlegen,
diese, nachdem der Kapaun ein Jahr herumgegan-
gen, und man ihn geschlachtet, herausnehmen,
und davon den mit der Epilepsie behafteten Kin-
dern eine Messerspitze voll zur Vertreibung dieses
Uebels eingeben könne, scheint mir theils mißlich,
theils auch ohne Wirkung zu seyn; denn sollten
wohl die Muskatennüsse als fremdartige Körper
durch ihr Reiben nicht einen Reiz machen, und
hierdurch eine tödtende Entzündung verursachen,
und sollten überhaupt wohl die mit einem thierischen Oele geschwängerten Muskatennüsse die Kraft
besitzen, die Epilepsie oder das böse Wesen, wie
mans auch nennt, zu vertreiben? Der Arzt wird
gewiß sehr zweifeln. —

§. 76.

So wie man die gemeinen Hofhähne castrirt,
so verschneidet man auch die Truthähne, nur macht
man ihnen den Einschnitt zum Herausnehmen der
Hoden nicht da, wo man die Hofhähne zu öffnen
pflegt;

pflegt; denn ihr längerer Leib würde verhindern,
daß man mit dem Zeigefinger nicht bis oben an den
Rücken, wo die Hoden liegen, kommen könnte; da=
her man den Einschnitt an einer Seite des Leibes
machen muß. Man wählt hierzu gern die linke
Seite, und zwar jene Gegend, wo die Keule an=
streicht. Hier wird man nun finden, daß das
Fleisch recht dünne ist, und nur in einer weißen,
und unter dieser in einer braunen Haut besteht.
Auf diesem Flecke macht man demnach den Ein=
schnitt und zwar ungefähr von anderthalb Zoll Die
Hoden, welche an eben dem Orte, wo man sie bei
den gemeinen Hofhähnen findet, liegen, lassen sich
ziemlich leicht fühlen, da sie aber sehr schlaff sind,
so muß man sie ebenfalls mit vieler Behutsamkeit
ablösen, und mit gebogenem Finger herausspielen.
Die übrige Verfahrungsart ist, wie die bei den Hof=
hähnen. Man schneidet dem Castraten die Sporn
und den annoch kleinen Zipfel über der Nase ab;
denn einen Kamm und Kehllippchen hat dieser Vo=
gel nicht, die man ihm abnehmen könnte. Unser
Poulardier versicherte mir, daß es weit gefährlicher
wäre, einen jungen Truthahn zu castriren, als
einen jungen Hofhahn; er wolle und könne es da=
her auch niemanden rathen; denn es wäre, wie
ihm eine lange Erfahrung gelehrt hätte, zu ris=

kant,

fant, so daß immer mehr dergleichen Thiere verun-
glückten, als davon kämen. Die verschnittenen
Hähne, mögen es Hofhähne oder Truthähne seyn,
nennt man Kapaunen, Kapphähne, und
Kopen.

§. 77.

Die jungen Hühner, die, wenn sie verschnit-
ten worden, Poularden heißen, und der Ma-
stungsanstalt, wovon wir dermalen noch handeln,
den Namen Poularderie geben, castrirt man
folgender Gestalt: Man rupft ihnen über dem
Steiße, da, wo sich unter der Haut ein weißes
rundes Hügelchen einer kleinen Haselnuß groß bemerken läßt, die Federn behutsam aus, macht sodann mit einem scharfen Federmesser durch die zwei
Häute einen Einschnitt einer Schminkbohne groß.
Ist das geschehen, so bekömmt man die Mutter,
welche beim Treten herausgedrückt wird, und womit die Henne empfängt, als ein rundes ganz weißes Gewächs zu sehen. Drückt man nun mit dem
Finger unter dem Steiße etwas aufwärts, so tritt
die Mutter aus dem gemachten Einschnitte heraus;
diese schneidet man dann mit einer scharfen Scheere,
da, wo sie angewachsen ist, ab; vernäht die Oeffnung, schneidet das Kämmchen und die kleinen
Lippchen ab, streuet Asche auf die Verwundungen und
hält

hält die Castraten einen Tag, wie die Kapaunen im
Stalle.

Mit den Trutbühnern verfährt man auf eben
die Art, und schneidet ihnen über dem Schnabel
den kleinen Zipfel ab. Am besten lernt man das
Castriren der Hähne und Hühner, wenn man mit
denjenigen, welche man eben abschlachten will, oder
bereits so eben abgeschlachtet hat, die Versuche
macht, und Uebung zu erlangen sucht.

Sobald die Hähne ihre Männlichkeit verloren
haben, so sind sie mehrere Tage auf einander selbst
falsch, und beißen sich, wie sie einander nur ansehen, mit einander, so daß man glauben sollte, jeder hielte davor, daß der andere Schuld daran
wäre, daß er das nicht mehr ist, was er vorher
war. Ich habe meinen Kapaunen mehrmalen zuge-
sehen und oft bemerkt, daß sie einander blutige Köpfe
bissen, welches dann auch um so leichter war, als
die abgeschnittenen Kämme erst anfiengen zuzuhei-
len. Nach etlichen Tagen hört das Zanken unter
einander auf, jeder geht ganz in sich gekehrt seine
Wege fort, frißt, säuft, schläft und nimmt an
Schönheit seiner Federn von Tag zu Tag zu, und
wenn es in den Winter kömmt, so fängt er an, sich
zu mausen, welches letztere ihm einige, auch der
neuern

neuern Schriftsteller absprechen, das aber nach
meiner eignen Erfahrung doch der Fall ist. Ueber=
haupt trägt der Kapaun seinen Schwanz nicht so
hoch, als er als Hahn würde gethan haben, son=
dern er hängt ihn etwas herab, welches ihm wirk=
lich ein schönes Ansehen giebt; und wenn er sich
bemühet zu krähen, so ist das ein sehr ungeschicktes
heiseres Gekullere.

§. 78.

Das Futter, so für das Vieh, welches pou=
larderiemäßig gemästet werden soll, bestimmt wird,
ist vorzüglich Hirsenkries mit ein wenig Waizen=
mehl und Butter zu einem steifen Teige gemacht
und zu Kügelchen gebildet, das Saufen aber, vor=
züglich süße Milch. — Sollte man aber keinen
Hirsen haben, und auch nicht bekommen können,
und doch poularderiemäßig mästen wollen, so nehme
man, wie unser hiesige Poulardier, Gerstenmehl;
denn dieses ist nahrhaft und stärkend, und gewährt
auch, beinah wie der Hirsen, in eben der kurzen Zeit
die Fettigkeit und einen ziemlich reinen Geschmack
im Fleische; man hüte sich aber ja, weder schwar=
zes, noch weißes Brodmehl, weder schwarzes noch
weißes Waizenmehl zu nehmen; denn die ans dem
ersten bereiteten Kügelchen werden leicht mit
Schimmel überzogen und geben dem Fleische einen
brod=

brobartigen Geſchmack, und die Küchelchen, welche
man aus lezterm, nemlich aus Waizenmehle macht,
und die nicht ſo leicht ſchimmlicht werden, laſſen,
obſchon ſie wohl zur Sättigung dienen, wenig
Nahrung und Kraft in dem thieriſchen Körper
zurück.

Was nun die Bereitung dieſes Futters betrifft,
ſo beſtehet dieſe in folgendem: Man thut des Abends
vorher, ehe man das Futter brauchen will, eine
verhältnißmäßige Menge Mehl oder Gries von
Hirſen in Verbindung mit etwas wen'gem Waizenmehl, welches blos als Bindungsmittel dienen ſoll,
in eine Mulde oder irdene Schüſſel; macht in daſſelbe eine Vertiefung oder ein Grübchen, dann
läßt man die für die Miſchung beſtimmte Quantität
Butter zerflieſſen, und gießt ſie dann, wenn ſie
nicht mehr zu heiß iſt, in jene Vertiefung, und
mengt mit den Händen die ganze Maſſe ſo lang,
bis alle Theile des Mehls von der Butter befeuchtet ſind. Hierauf gießt man ein milchwarmes
Waſſer hinzu, ſo daß man einen derben Nudelteig
bekömmt, woraus man dann die Kugeln oder runden Nudeln verfertiget.

Dieſes iſt die allgemeine Zurichtung des Fut-
terteiges; nun auch noch für jedes Thier ins be-
ſondere. Alſo:

Q.   1) Die

1) Die Bereitung des Futters für
einen Trutkapaun, oder Truthahn.

Ein Trutkapaun oder Truthahn bekömmt täglich zu seiner Futtermischung zwölf Loth Hirsen, ein
wenig Waizenmehl und anderthalb Loth Butter.
Diese Quantität wiegt man demnach ab, und macht
davon, wie wir kaum bemerkt haben, einen steifen
Nudelteig, und theilt die ganze Masse nach dem
Augenmaaße in drei gleiche Theile, und macht so
dann aus jedem dieser Theile zwanzig Kugeln.
Man nimmt nemlich einen von diesen drei Theilen,
und welgert ihn mit der Hand auf dem Tische in
die Rundung zur Dicke einer Bratwurst, und theilt
dann diese Wurst in zehn gleiche Theile, und jeden
Theil der Länge nach wieder in zwei gleiche Theile,
diese bildet man nun zwischen den Händen zu runden Kugeln; und verfahre dann so mit dem andern
und dritten Theile, so daß man demnach sechzig
Kugeln bekömmt, welche die eigentliche Tagespor-
tion ausmachen.

2) Die Bereitung des Futters für
eine Truthenne.

Eine Truthenne bekömmt zu ihrem täglichen
Futter acht Loth Hirsen und ein Loth Butter.
Diese Portion wiegt man gleichfalls ab, bereitet
sie zu einem Teige, theilt sie in drei gleiche Theile,
und

und macht dann auf kaum beschriebene Art sechs=
zehn bis zwanzig Kugeln.

3) Die Bereitung des Futters für die
  Kapaunen und eigentlichen Poular=
  den.

Das tägliche Futter für einen Kapaun oder
eine Poularde sind sechs Loth Hirsen, und drei
Quentchen Butter, die man zusammen zu einem
Nudelteige macht, diesen in drei gleiche Theile theilt,
und dann aus jedem derselben zwölf oder sechszehn
Kugeln macht, und zwar alles nach der Methode,
die wir bereits gehabt haben.

4) Die Bereitung des Futters für
  die Tauben.

Da man die jungen Tauben nicht, wie das
übrige Flügelwerk stopfen kann, so kann man zu
ihrem Futter auch keine Kügelchen brauchen, son=
dern man muß, da die Tauben auch nichts zu sau=
fen bekommen, Morgens, Mittags und Abends
einen ordentlichen Hirsenbrei machen. Zu dem Ende
nimmt man auf jede Taube für eine Mahlzeit ein
und ein Drittelquentchen Hirse, ein halb Quent=
chen Butter, und ein und ein Drittelloth Milch,
rührt die ganze Masse, die sich dann freilich nach
der Menge der Tauben richtet, durch einander,

und

und kocht sie in einem Topfe zu einem ganz dünnen
Breit.

3) Die Bereitung des Futters für die Gänse und Enten.

Das Futter für die Gänse wird in eben dem
Verhältnisse, wie jenes für die Truthähne, und das
Futter für die Enten in dem Verhältniß, wie jenes
der Truthühner abgewogen und bereitet, so daß
demnach hierüber weiter nichts, zu bemerken, seyn
dürfte.

§. 79.

Allgemeine Regeln, die beim Füttern selbst
beobachtet werden müssen, sind folgende: Man
muß nemlich:

a) die einmal bestimmte Futterzeit aufs ge-
naueste beobachten; denn eine genaue Ordnung
trägt überhaupt sehr viel zur Mastung bei. Um
aber diese Ordnung auch wirklich genau halten zu
können, so ist es nöthig, daß man

b) die zum Futter bestimmten runden Nudeln
oder Kugeln jedesmal, wenn die Zeit zum Füttern
kömmt, schon bereit habe, und mithin nicht genöthigt sey, solche erst zumachen. — Da übrigens
die Reinlichkeit sehr viel bei der Wartung und
Pflege

Pflege der Thiere zum Gedeihen beiträgt, so hat man allerdings Ursach, daß man

c) alle Saufgeschirre wohl aufpuze und rein halte, und überhaupt allen Unrath aus dem Stalle und unter der Einstellung oder Ständen wegschaffe. Da es endlich auch nöthig ist, daß man den Thieren nicht eher frisches Futter gebe, bis das vorige verdauet worden, so muß man auch

d) die Fütterungstermine so weit aus einander setzen, als es das Tageslicht zum Saufen verstattet. In Sommertagen kann man daher folgende Ordnung halten: Früh um 6 Uhr, Mittags um 12 Uhr und Abends wieder um 6 Uhr; in Wintertagen aber muß man entweder die Termine etwas näher zusammensetzen, oder sich lieber, um die gehörige Helligkeit zu bekommen, eines Lichtes bedienen, theils um ordentlich stopfen zu können, und theils aber auch, um den Thieren jenes Licht zu verschaffen, daß sie beim Saufen nöthig haben.

Das Abfüttern selbst geschieht, wenn man erst einmal darin geübt ist, geschwinder, als man glauben sollte. Man nimmt nemlich das Thier, welches man eben füttern oder stopfen will, aus seiner Stallung heraus; faßt es mit beiden Flügeln unter den linken Arm; öffnet ihm den Schnabel;

Q 3

tunkt

tunkt jede Kugel in Milch und steckt sie ihm in den
Hals, jedoch so, daß die Zunge nicht oberhalb der
Kugel mit hinein geschoben wird; nachher steckt
man es, wenn es seine Portion erhalten hat, wie-
der in seinen Stand, und stellt ihm seine Portion
Milch zum Saufen vor.

Dem Truthahne oder Trutpoularden giebt
man auf jede Mahlzeit zwanzig Kugeln und nachher zum Gesöffe acht Loth Milch;

Dem Kapaun und der Poularde sechszehn Kugeln und vier Loth Milch;

Der Gans zwanzig Kugeln und acht Loth
Milch;

Der Ente sechszehn bis zwanzig Kugeln und
sechs Loth Milch.

Den Tauben? — keine Kugeln und — keine
Milch; sondern bei diesen nimmt man ein Maul
voll von dem für sie bestimmten und oben bereits
beschriebenen Hirsenbrei, und bläßt ihn denselben
nach und nach bei aufgesperrtem Schnabel in den
Kropf. Einige bedienen sich hierzu eines Feder-
kiels, andere aber, wozu auch unser Poulardier gehört, nehmen die Taube beim Schnabel, öffnen
ihr denselben, führen ihn nach ihrem Munde und
bla-

blafen fo, ohne ein anderes Werkzeug zu gebrauchen, denfelben ein.

Unfer Poularbier fest den Gänfen und Enten keine Milch vor, eines theils, weil fie ihm etwas zu theuer ift, und andern Theils, weil bei dem Saufen diefer Thiere zu viel verloren geht.

Wenn man die vorgefchriebene Maftungsmethode befolgt, fo hat man in kurzer Zeit, nemlich in vierzehn bis fechszehn Tagen das dellkatefte und fettefte Flügelwerk.

§. 80.

Das Flügelwerk mag nun auf eine Art gemäftet worden feyn, auf welche es will, fo wird es doch am Ende und zwar auf die nemliche Art abgefchlachtet. Wie handeln demnach hier vom Abfchlachten deffelben, und zum Theil auch vom Aufbewahren des Fleifches.

Das Trutgeflügel, fo wie auch die Kapaunen, Poularden Hühner nimmt man, nachdem man ihnen die Beine zufammen gebunden hat, auf den Schoos, klemmt fie zwifchen den Knien zufammen, und durchfchneidet ihnen mit einem fcharfen Meffer unter der Kehle am Halfe

Q 4 alle

alle Adern auf einmal bis auf die Halsknochen wird
bei durch, und hält sodann den Hals des Geflügels
so tief, daß es recht rein ausbluten kann. Da
nun dieses Geflügel entweder ganz mit Fett überzogen oder wenigstens ziemlich fett, mithin die
Haut sehr mürbe und zart ist, so muß man es sehr
behutsam rupfen. Thut man das nicht, so reißt
man leicht ganze Lappen von der Haut ab, und
bewirkt dadurch, daß das Thier aussiehet, als
wenn es wäre geschunden worden. Hier kömmt es
nun auf gewisse Vortheile an, die man blos durch
Uebung lernen kann. Einige rupfen mit einer
Hand eine Feder nach der andern aus, mit dem
Daumen und Zeigefinger der andern Hand aber
drücken sie den Ort und die Haut, wo die Federn
ausgerupft werden sollen, nieder, und fahren so
fort, bis das Thier aller seiner Federn beraubt ist.
Andere aber, worunter auch unser mehrmalen
schon angeführte Poularbier ist, fangen gleich unter dem Bluten des Thieres an, dasselbe zu rupfen;
sie ergreifen erst den Schwanz, und ziehen den
aus, fahren sodann mit der Hand auf den Rücken,
und entblößen diesen nur durch ein Paar Griffe
von seinen Federn, thun hierauf ein Paar Griffe
unter dem Bauche weg nach der Brust zu, streifen
mit den Händen über die Schenkel weg, und die
Federn sind gleich alle weg. Ich habe selbst mit

Der-

Verwunderung gesehen, daß auf diese Art in ein
Paar Minuten ein Kapaun ganz gerupft war. Ich
überzeuge mich aber auch, daß u·.r Tausenden
von Menschen keiner die Fertigkeit, als Herr
Bußiger hat. Noch andere machen es folgender Gestalt: Nachdem das Thier abgeschlachtet
worden, und recht gut ausgeblutet hat, so stecken
sie es ganz in kaltes Wasser, und lassen es so lang
darin stecken, bis alles erkaltet ist; sodann aber
nehmen sie dasselbe heraus, legen es in eine Mulde,
und übergießen es mit siebend heißem Wasser,
wenden es darin fleißig um, damit es an jedem
Fleckchen gebrühet werde. Ist das heiße Wasser
nun so weit abgekühlt, daß man die Hände darin
leiden kann, so rupfen sie es, welches dann sehr
leicht und geschwind geht. Ist das geschehen, so
stecken sie das Geflügel, ehe sie es ausnehmen,
wieder in kaltes Wasser, und nehmen es, wenn
alles wieder erkaltet ist, heraus, putzen alles kleine
Federwerk ab, und nehmen es dann aus.

Bisweilen ist es der Fall, daß sich das Flügelwerk beim Abschlachten erschreckt und kein Blut
gehen läßt. Geschieht dieses nun, so kann man
gleich helfen; man nimmt da nur ein Stückchen
Holz und schlägt das Thier zwischen die Flügel und
den Leib; und es wird gewiß gleich anfangen zu

Q 5   blu-

bluten. Einige Oekonomen schlachten auch wohl
ein Stück Geflügel ab, lassen es laufen und sich so
verbluten: allein das ist eben nicht nöthig, so wie
es dann auch eben nicht nöthig und besonders nütz-
lich ist, daß man einen abgestochenen Truthahn
von einem Thurme herunter flattern läßt. Wie die
Thiere übrigens ausgenommen und aufgezäumt werden müssen, weiß wohl jede Hausmutter oder Kö-
chin, so daß es wohl nicht nöthig seyn dürfte, sich
hier in eine weitläufige Erklärung darüber einzulassen. Was das Abschlachten der Tauben betrifft,
so schlachtet man diese entweder ebenfalls unter der
Kehle ab, wie die Truten und das Hofhühnerge-
schlecht, oder man schneidet ihnen durch den Schnabel die obere Hälfte des Kopfs ab, und kratzt das
Gehirn mit einem Messer heraus, läßt sie recht
ausbluten, rupft sie, und nimmt ihnen die Haar-
federchen entweder blos mit der Messerspitze und
dem Daumen ab, oder man drehet sie geschwind
über einem Strohfeuer herum und sengt sie so ab.
Geschieht dieses letztere, so muß man sie mit Kleien
und warmen Wasser sauber abwaschen, und sie sodann abtrocknen.

§. 81.

Mit dem Abschlachten der Gänse verfährt man
folgender Gestalt. Des Abends vorher, giebt man
ihnen

ihnen nichts mehr zu saufen, damit beim Abschlachten nicht etwa Waſſer unter das Blut laufe, und
ſind die Federn unter dem Bauche vielleicht ſchmuzig,
ſo wäſcht man ſie und ſtreuet ihnen reines Stroh
unter, oder bindet ihnen die Beine und Flügel, legt
ſie unter den Ofen und läßt ſie trocken werden.
Soll es nun zum Abſchlachten ſelbſt gehen, ſo bindet man ihnen ebenfalls die Füße und Flügel und
hängt ſie bequem auf; ſodann rupft man ihnen
oben auf dem Kopfe, wo eine kleine Tiefe oder
ein Grübchen bemerkbar iſt, die kurzen Federn aus,
und ſticht alsdann mit einem ſcharfen ſpitzigen Meſ-
ſer in den Kopf, ſetzt zu gleicher Zeit einen ſaubern
Topf, worein man etwas Eſſig gethan hat, unter,
fängt das auslaufende Blut unter beſtändigem Umrühren auf, und verwendet es zur Bereitung des
Gänſeſchwarzes, Gänſepfeffers oder Gänſeſchmers;
indem man in demſelben den Kopf, Hals, Flügel,
Füße mit den Gedärmen, den Magen und die Leber
der Gans kocht. Unterläßt man das Umrühren des
Bluts, ſo gerinnt es, und wird zur Bereitung des
Gänſeſchwarzes untauglich.

Nach dem Abſchlachten und Ausbluten rupft
man die Gans, ſtoppelt ſie wohl ab, drehet ſie etwas geſchwind mehrmalen über einem brennenden
Stroh-

Strohwiſche herum, und ſengt ihr ſo die zurück-gebliebenen Flaumfederchen und Haare ab. Vor-züglich hält man die Füße etwas noch übers Feuer, damit ſie etwas aufpraſſen, und ſich beim Abputzen die grobe Haut deſto beſſer von ihnen abziehen läßt. Iſt die Gans abgeſengt, ſo legt man ſie in eine Molde, und wäſcht ſie mit warmen Waſſer und et-was Waitzenkleie tüchtig, ſpühlt ſie ſodann noch mit kaltem Waſſer ſauber ab, und nimmt ſie ſodann aus. Bei dem Ausnehmen pflegt man denn auch wohl, ſo wie dieß in geringen Gegenden gebräuch-lich iſt, die Därmen der Länge nach aufzuſchlitzen, zu ſäubern, auszuwäſſern, ſie ſodann um die abge-ſchnittenen Gänſefüße zu wickeln, ſie mit unter dem Gänſeſchwarz zu kochen, und ſo zu verſpeiſen.

Die Enten ſchlachtet man eben ſo wie die Gänſe ab, daher wir hierüber weiter nichts zu be-merken haben. —

§. 82.

Das Trut- und Hofbühnervolk, ſo wie Tauben und Enten verſpeißt man bekanntlich alle friſch als Braten, und zum Theil auch wohl in Suppen; die Gänſe aber, von denen man die mehreſten auch friſch und zwar gebraten verſpeißt, pflegt man auch wohl zu räuchern, oder auf eine andere Art nemlich

lich schon etwas zugerichtet, aufzubewahren. Wir wollen daher hier noch diese beiden Methoden der Erhaltung der geschlachteten Gänse betrachten. —

Das Räuchern der Gänse kann auf eine doppelte Art geschehen, nemlich:

a) auf gemeine Art, und
b) auf pommersche Art.

a) Das Räuchern der Gänse auf gemeine Art.

Man schneidet die geschlachteten und ausgenommenen Gänse am Rücken herunter auf, oder theilt sie auch gleich in zwei Hälften, vermischt sodann Salz mit etwas Salpeter, und reibt dieses Gemische tüchtig in das Fleisch, vorzüglich aber zwischen die Knochen und das Fleisch, legt sie hierauf in ein Geschirr und streuet schichtweis Salz darüber her, gerad, als wenn man Schweinefleisch einzusalzen pflegt, legt ein Bret darauf, beschwert dieses mit einem Gewichte, und gießt alle Tage die Brühe, welche man durch ein unten an dem Geschirre befindliches Löchelchen abzapft, darüber her. Wenn sie nun etliche Tage so gelegen, so nimmt man sie heraus, und hängt sie in eine Rauchkammer, oder Feuermauer, wo nur Rauch, aber keine Feuerhitze hin=

hinrauchen kann, und zwar so, daß kein Stück das
andere berühre. Sind sie nun ein wenig im Rauche
angelaufen, so thut man wohl, wenn man sie über
und über mit einfachem Papiere bewickelt, und sie
sodann vollends zur Genüge räuchern läßt, welches
in vierzehn Tagen oder höchstens drei Wochen ganz
sicher geschehen seyn wird. —

b) Das Räuchern der Gänse auf pommersche Art.

Man pöckelt oder salzt die Gänse eben so ein,
wie wir kaum bemerkt haben, legt aber auch wohl,
um eine recht starke Röthe zu bewirken, Schippers
chen von einer rothen Rübe darauf oder dazwischen.
Wenn nun die Gänse lange genug eingepöckelt waren, so nimmt man sie ganz naß heraus, bestreuet
sie über und über mit trockner Walzenkleie, und
wälzt sie so lange darin herum, bis man von ihrem Fleische und Fette gar nichts mehr sehen kann.
Genug! sie müssen ganz überpappt seyn. Hierauf
hängt man sie vorbemerkter Maaßen in den Rauch,
läßt sie acht Tage darin hängen, nimmt sie sodann
heraus, hängt sie noch acht Tage auf einen luftigen Boden, bürstet oder reibt ihnen hernach mit
einem zusammengewickelten leinen Lappen die Kleie
sauber ab, und hebt sie in einer luftigen Vorraths-
kam-

kammer, wohin die Sonnenhitze nicht kann, zum
künftigen Gebrauche auf. Dieses sind nun die be=
rühmten Spick= oder Flickgänse, die von außen
schön gelb, im Specke weiß, im magern Fleische
aber appetitlich roth aussehen, und sich Jahr und
Tag saftig und wohlschmeckend erhalten. —

§. 83.

Das Erhalten der zum Theil schon zugerichteten
Gänse bewirkt man auf eine doppelte Art: Man
theilt nemlich entweder die Gänse, nachdem sie aus=
genommen werden, in vier Theile, überstreuet sie
mit Salze, und läßt sie etliche Stunden liegen, kocht
sie nachher etwas ab, und zwar so, daß sie nicht
zu weich werden, und legt sie, nachdem sie wieder
kalt geworden, in einen Topf oder auch in ein Fäß=
chen, legt Lorbeerblätter, Rosmarinblätter, Mus=
katen, Nelken und Pfefferkörner dazwischen, gießt
sodann guten Weinessig darüber, verschließt das
Gefäß oben mit einem Deckel, und hebt es an ei=
nem kühlen Orte auf. Hat man nun Appetit, oder
bekommt vielleicht unverhofften Zuspruch, so hohlt
man nach Bedürfniß heraus und verspeißt es.
Statt des Weinessigs kann man auch eine aus Kalbs=
füßen gekochte Gallerte über die eingelegten Gänse
gießen, und diese in der Folge mit verspeisen.

Ober

256

Oder man macht es so:

Nachdem die Gänse abgesengt waren, so hebt man ihnen die Keulen in die Höhe, und nimmt den großen Knochen heraus; nimmt sodann die Gans aus, schneidet sie in die Länge in zwei Stücke, und nimmt die Knochen gleichfalls heraus. Alsdann überstreuet man das Fleisch mit feinem Salze, läßt es fünf bis sechs Stunden liegen, damit es das Salz gehörig aufnehmen könne. Hierauf läßt man es in dem Safte über dem Feuer bis zum Sieden kochen, oder aufwallen, nimmt es sodann heraus, um es abtröpfen und kalt werden zu lassen, legt es hernach, indem man Lorbeerblätter, Muskaten, Nelken, und Pfefferkörner dazwischen streut, in einem Fäßchen oder andern Gefäße übereinander, und wenn dasselbe voll ist, füllt man die Lücken mit Schmalz, und macht es nicht eher zu bis es erst ganz kalt ist, und verwahrt es hernach ebenfalls an einem kühlen Orte, nemlich im Keller.

Ueber die Mästungsanstalten des Federviehes siehe

1) J. C. Christ. Vom Mästen des Rind-Schweine-Schaf- und Federviehes. Nebst beigefügten Erziehungsregeln des Viehes, Behandlung des Fleisches und Fettes vom ge-

geschlachtetem Mastvieh, und andern dahin einschlagenden ökonomischen Lehren. Frankfurt a. M. 1790.

2) Praktische Anweisung, alles Federvieh wohlfeil und in kurzer Zeit vollkommen zu mästen. Zweite verbesserte Auflage. Norburg 1790.

Diese Abhandlung ist aus dem vierten Theile der Hausmutter, worin am Ende von der Federviehzucht abgehandelt wird, abgedruckt. —

§. 84.
d) Die Benutzung der Excremente des ökonomischen Flügelwerks.

Die Excremente des ökonomischen Flügelwerks sind bei weitem nicht eine so unbedeutende Sache, als mancher glaubt; denn man mag sie entweder verkaufen oder selbst benutzen, so werden sie immer einträglich seyn; im ersten Falle in Hinsicht auf Geldeinnahme, und im zweiten Falle in Hinsicht des Pflanzenertrags.

Die Zeit, den Hühner- und Taubenmist aus den Ställen zu bringen, ist gewöhnlich das Frühjahr und der Herbst, obwohl man die Hühnerhäuser oder Ställe das Jahr hindurch mehrmalen reinigen kann.

R

258

kann. Bei den Tauben aber säubert man die Schläge
deswegen gern im Frühjahre, damit man sie in der
Folge durch dieses Geschäfte im Brüten nicht zu
stören bräuchte, und im Herbste? — weil da das
Eierlegen, Brüten und Jungenerziehen zu Ende ist.
Inzwischen muß man ihnen doch auch den Sommer durch zuweilen ihre Nester reinigen, damit
sich das Ungeziefer in denselben nicht zu sehr an-
häufe; und sollte etwa im Sommer ein Zeitpunkt
eintreten, wo keine Eier und keine junge halbge-
wachsenen Tauben vorhanden sind, so thut man
auch wohl, wenn man da den ganzen Taubenschlag
putzt und ausfegt. Dieses ist für die Tauben eine
wahre Wohlthat; denn sie lieben, wie alles Federvieh, vorzüglich die Reinlichkeit, und hassen selbst
den Gestank, den ihre eigenen Excremente verursachen. Zur Wegräumung des Mistes in den Höh-
nerställen braucht man eine scharfe Krücke und einen Besen; zur Wegräumung der Excremente in
den Taubenhäusern oder Schlägen aber, ein eisernes Instrument, wie eine Trogkratze, womit man
sie aufschaben und abkratzen kann. Um die Nester
zu reinigen, nimmt man eine sogenannte Mauer-
kelle, oder ein anderes Instrument, das vorn nicht
rund, sondern eckigt ist; und dann kehrt man, wenn
auch diese gereinigt sind, den ganzen Stall mit einem scharfen Besen noch ganz rein aus. Sind die
Ställe

Ställe, sowohl Hüner- als Taubenhäuser gehörig gereinigt, so bestreuet man den Boden mit Sand, und räuchert die Wohnungen, mit Lavendel oder Thymian aus, so wie es dann überhaupt gut ist, wenn man dieses Räuchern das Jahr hindurch mehrmalen wiederhohlt.

Will man den aus den Hühner- und Taubenhäusern gefegten Mist, nicht gleich verwenden, sondern ihn, bis man mehr davon zusammen bekommt, aufheben, so hat man hier folgendes zu beobachten: Man muß ihn nemlich an einem vor Wind und Regen sicheren Orte aufbewahren, ihn jedoch aber auch nicht oben unter dem Dache, wo er der größten Hitze im Hause ausgesetzt ist, aufschütten. Den Mist selbst aber braucht man in der Folge für Gärten, Feldungen und Wiesen. Man benutzt ihn auf Mist-, Pflanzen- und Spargelbeete, in Weinberge, vorzüglich aber streuet man ihn auf Wiesen, wo er sodann die sogenannte Katzenzahl, oder den Sumpfpferdeschwanz equisetum palustre Lin. und den Feldpferdeschwanz oder das Schaftheu, equisetum arvense Lin. welches beide sehr schlimme Wiesenunkräuter sind, wegbringt.

Ueberhaupt thut der Hühner- und Taubenmist in einem feuchten und kalten Boden ganz ungleich-

R 2   gleich-

gleichliche Dienste; er wirkt schnell; dies bewirkt
aber auch daß seine Wirksamkeit eben von keiner
langen Dauer ist, so wie er denn bei dürren Jahr
ren wirklich auch schädlich seyn kann; indem die
Pflanzen und Gewächse, welche man damit gedüngt
hat, ganz gelb werden. — Um dieses letztere zu
verhüten, muß man entweder oft gießen, oder den
Mist folgender Gestalt zubereiten. Man bringe ihn
nemlich auf einen Platz, wohin es nicht regnen kann,
gieße Mistjauche mit anderm Wasser darüber, rühre
ihn tüchtig durch einander, lasse ihn fünf bis sechs
Tage liegen und in Gährung übergehen. Findet
man denn, daß er inwendig warm ist, so rühre
man ihn nochmals durch einander, und gieße, wenn
er etwa zu trocken ist, wieder etwas von der vorigen Brühe dazu. Merkt man nachher, daß sich die
innere Wärme verliert, und die Gährung meistens
vorüber ist, so gießt man abermals Mistjauche darunter, und läßt dann die ganze Mischung, die man
tüchtig durch einander gearbeitet hat, noch etliche
Wochen liegen. Darauf breitet man den Haufen
auseinander, und macht ihn im Schatten nach und
nach ganz trocken, und benutzt ihn sodann nach
Belieben.

Was ist aber noch mit dem Miste der Gänse an-
zufangen? Dieser ist frisch zu dügend, als daß man
ihn in diesem Zustande zum Düngen verwenden
könn-

könnte; denn wenn eine Gans ihren Dreck auf den Rasen fallen läßt, da wird gewiß in kurzer Zeit das Gras bald weggefressen seyn, wie dieses jedem Oekonomen nicht unbekannt seyn wird. Bekannt= lich wird er, indem man den Gänsen, so wie an= derm Vieh unterstreuet, mit unter den übrigen Mist auf den Hof oder die Miststätte gebracht. Hat man aber etwa kein anderes Vieh, folglich auch keinen andern Mist, so daß man ihn dennoch ganz allein brauchen muß, so ist es nöthig, daß man ihm seine ätzende Kraft benehme. — Dieses aber kann man folgender Gestalt bewirken: Man schüttet ihn auf einen Haufen, mischt Flachsgännichen darunter, läßt ihn damit ein halb Jahr liegen, in Fäulniß übergehen, benimmt ihm so seine ätzende Kraft, und seinen bisherigen bösen Namen, und verwen= det ihn sodann nach Belieben. —

Von dem medizinischen Nutzen des Hübner= und Taubenmistes und andern Quacksalbereien, die man damit macht, schweige ich herzlich gern. —

Zwei=

Zweites Kapitel.

Die Feinde des Federviehes, die Kenntniß und Heilung seiner Krankheiten.

―――――――

§. 85.

Die Rubrik gegenwärtigen Kapitels zeigt schon an, daß wir hier zweierlei Gegenstände betrachten, nemlich:

1) Die Feinde des ökonomischen Flügelwerks, und dann

2) Die Krankheiten desselben.

1) Die Feinde des ökonomischen Flügelwerks. —

So wie jedes lebende Geschöpf seine Feinde hat, so hat sie auch das ökonomische Flügelwerk, und das zwar sowohl

unter den vierfüßigen Thieren,

als auch

unter dem wilden Geflügel und unter den Insekten. —

Un

Unter den vierfüßigen Thieren zeichnen sich folgende vorzüglich als Feinde des Federviehes aus:

a) Der Marder.

Von diesem Geschlechte haben wir zweierlei Arten, die unserm Flügelwerke sehr gefährlich sind, nemlich:

a) der Steinmarder und
b) den Baummarder.

a) Der Steinmarder.

Dieses Thier ist kleiner, als eine zahme Katze, hat einen oben platten Kopf, einen in Verhältniß des Leibes, kurzen Hals, der fast so dick, als der Kopf, und nicht viel dünner als der Leib ist. Seine Farbe ist überhaupt braunröthlich ins Schwarze auslaufend, und weiß an der Kehle und dem Unterhalse. Seinen Aufenthalt hat er in Klippen, Steinhaufen, altem Gemäuer, Scheunen, Ställen, Heuboden, Holzstößen und selbst in Wohnhäusern, wo er Gelegenheit findet, sich zu verbergen. Seine Nahrung besteht in allen Arten der Mäuse, Maulwürfen, Fröschen, kleinen Vögeln, am liebsten aber in dem zahmen Geflügel und seinen Eiern. Er gehet blos des Nachts auf seinen Raub aus; bei Tage aber lauscht er kaum aus seinem düstern Hinterhalte hervor, weil er das Licht und das Angesicht der Menschen scheuet. Er schleicht ganz verstohlen

R 4

264

Kohlen nach den Wohnungen des Federviehes, und
zwängt sich oft durch solche kleine Oeffnungen ein,
daß man gar nicht glauben sollte, wie es möglich
gewesen, daß er hat hindurch dringen können. Das
schlimmste bei diesem Spitzbuben ist, daß er fast überall hinzukommen weis. Er klettert an Säulen in
die Höhe, springt von einem Balken, und von einem Gebäude auf das andere, das nahe dabei steht,
läuft auf den Dächern ganz frei umher, und weis
überhaupt vermöge seines scharfen Geruchs ein Tau-
benhauß bald ausfindig zu machen. Ist er aber
auch einmal in der Wohnung einer Art von Hofge-
flügel, dann ist sein Blutdurst unersättlich; er mor-
det alt und jung, beißt ihnen die Köpfe ab, und
hört nicht eher auf bis alles todt ist. Das Weibchen geht neun Wochen dick, und wirft dann drei
bis sieben Junge, die blind gebohren werden, und
so neun Tage bleiben. Man fängt ihn theils in Fallen, theils in sogenannten Tellereisen, die man auf
seinen Wechsel, den er selten verändert, legt; oder
man treibt ihn durch Klopfen, Trommeln u. d. g.
aus den Gebäuden, und erlegt ihn dann mit der
Flinte. Wozu man auch um so mehr Ursache hat,
als er ein gar zu großer Würger ist.

b) Der Baummarder.

In der Bildung unterscheidet sich dieses Thier
von dem Steinmarder durch einen etwas kürzern

Kopf

Kopf und ein wenig längern Laufe, und ist über»
haupt auch etwas größer. An Farbe weicht er von
jenem dadurch ab, daß die Kehle dottergelb und
der übrige Körper, außer den schwarzen Läufen
und der Ruthe von schöner Kastanienfarbe ist.
Den Tag über liegt er in den hohlen Bäumen, in
den Nestern der Eichhörnchen, den Horsten der wil»
den Tauben, den Nestern der Raben und Krähen,
und gehet in der Nacht auf den Raub aus. Er lebt
von den Vögeln, die er aus den Nestern und Dohnen
oder Schlingen holt, und des Winters geht er den
Hühnern und Tauben nach. Seine Ranzzeit ist im
Februar; das Weibchen geht auch neun Wochen
trächtig, und wirft dann in einem hohlen Baume
oder in einem Neste eines Eichhörnchen vier bis
sechs Junge, die anfänglich blind sind. Man er»
legt ihn eben so, wie den Steinmarder.

b) Der Iltis.

Diesen Dieb nennt man an einigen Orten auch
Ratz, Ellatze und wegen seines üblen Geruchs
auch Stinkmarder. Er wird häufiger als der
Marder angetroffen, ist aber an Größe und Ge»
stalt dem Marder ziemlich ähnlich; nur unterschei»
det er sich durch einen etwas dickern Kopf mit spiz»
ziger Schnauze, hauptsächlich aber durch die dün»
nen, dunkelbraunen Stachelhaare mit gelbem

R 5   Grunde

Grnube und ganz gespaltene Jänger. Er wohnt in Häusern, Ställen, Scheunen, auf Heubböden, in altem Mauerwerke, unter Holzhaufen, unter Bäumen, die hohle Wurzeln haben, in hohlen Weiden stämmen, Felsenritzen, auch in alten Fuchsbauen und Kaninchenhöhlen. Er nährt sich von allerhand, gemeiniglich aber zum Schaden des Landwirthes. Hühner, Küchelchen, und besonders die Eier sind seine liebste Speise, daher er sich auch gern nah bei den Wohnungen aufhält. — Er schleicht sich eben so wie der Marder, und durch eben solche kleine Oeffnungen in die Wohnungen des Flügelwerks; erwürgt alles, beisset ihm den Kopf ab, und schleppt es nachher, wenn er sonst Zeit hat, Stück für Stück fort, um sich so mit gutem Vorrathe zu versorgen. Wenn er die durch sein Würgen gemachten Leichen nicht durch die enge Oeffnung, durch welche er sich hineingezwängt, bringen und fortschleppen kann, so saugt er ihnen das Blut aus, oder frißt das Gehirn von ihnen, und nimmt blos die Köpfe mit fort. Ueberdies säuft er auch noch die Eier aus; indem er sie durch ein kleines Loch mit der Zunge ganz rein ausleert. Bei meinem ehemaligen vierjährigen Aufenthalte in Schloß Bippach erlebte ich selbst den Fall, daß dieser stinkende Nachtschleicher in einer Nacht dreizehn junge Enten aus dem Stalle holte, und sie

durch

durch ein sehr enges Loch, worin man noch die
Spuren von Blut bemerkte, forttransportirt, und
auf den Heuboden, wo man die Federn fand, und
die Heimath des Diebes am Geruche merkte, geschleppt hatte. Er ranzt im Februar, das Weibchen geht neun Wochen dick und wirft sechs bis
sieben Junge. Man fängt ihn theils in den bekannten Iltisfallen, theils in Tellereisen, theils in
Dratschleifen, und schießt sie auch theils.

§. 86.

c) Die Katze.

Dieses bekannte Hausthier besucht bei Tage
und auch des Nachts die Taubenhäuser, und holt
sich eine oder ein Paar Junge und verzehret sie.
Das schlimmste aber, was allezeit nach dem Be-
suche der Marder, Iltisse und Katzen erfolgt, ist,
daß die Tauben ihre Wohnung meiden, nicht hin-
einwollen und lieber des Nachts auf den Dächern
herum zerstreut sitzen, bis man sie endlich nach
und nach wieder herbeilockt. Wenn man die Wohnungen des Federviehes des Nachts gehörig verschließt, und die Taubenhäuser so einrichtet, wie
wir wir oben bemerkt haben, so wird nicht leicht
ein räuberischer Besuch zu befürchten seyn. Sonst
aber kann man bei den Taubenhölen, Taubenschlägen und Taubenhäusern noch folgende Vorkehrung
treffen. Man nagelt nemlich unter den Taubenhö-

len

len und an den Seiten derselben weg, etwas lange
spitzige Latten so nahe an einander, daß keiner von
den ungebetenen Gästen durch kann. Da auch zugleich diese Latten palisadenartig wegstehen und
oben stark zugespizt sind, so kann auch keins von
den Raubthieren drüber weg. Eben diese Verrichtung macht man auch bei den Taubenschlägen.
Man verstehet nemlich alle vier Seiten des Fluglochs mit ähnlichen Latten, und verhindert so,
daß, wenn man auch etwa des Abends den Schlag
zu verschließen vergessen hätte, und vielleicht ein
Marder, Iltis, oder eine Kaze auf dem Dache
herumspazieren sollte, keins von diesen Thieren
hinein kann.

Bei auf Pfosten oder Säulen ruhenden Taubenhäusern wendet man am besten folgende Siche-
rungsmittel an. Man nagelt entweder in der
Mitte einer jeden Säule, oder auch noch etwas
höher, ein Paar Schuhe langes Blech um dieselbe
herum oder man schlägt in eben diese Gegend
eiserne Stacheln, oder man bringt endlich an jede
Seite der Säule blos aus einem Brete geschnittene
Scheiben an, die sich an dem runden Nagel, womit man sie durch ihren Mittelpunkt an die Säule
geheftet hat, herum drehen. Alle diese Mittel
hindern gewiß den Zuspruch der kaum genannten
Gäste. Die Bleche sind glatt; es kann sich mithin
kein

fein Thier, wenn es auch noch schärfere Krallen hat, daran halten; die Stacheln sind spitzig, stechen mithin und die Scheiben drehen sich, sobald nur etwas darauf kömmt, und bewirken so gewiß ganz unstrittig, daß das an der Säule hinaufkletternde Thier, sobald es nur mit seinen Vorderfüßen auf eine solche Scheibe kömmt, wieder herunter purzelt.

Ueberhaupt aber wird man schon durch Fallen, Tellereisen und durch die Flinte, wie wir bereits an seinem Orte bemerkt haben, dergleichen vierfüßige Diebe aus der Welt zu schaffen suchen.

Hat sich aber etwa eine Katze den Besuch der Taubenhäuser angewöhnt, so kömmt es darauf an, wem sie gehört. Gehört sie dem Eigenthümer der Tauben, so wird sie dieser schon abschaffen; gehört sie einem Nachbar, so wird er diesen ersuchen, seine Katze abzuschaffen, und im Falle dieses dann nicht geschiehet, ihm drohen, sie selbst auf die Seite zu räumen, oder sie einmal ohne Schwanz nach Haus zu schicken.

§. 87.
d) Der Fuchs.

Dieser rothe, arglistige und schlaue Dieb wohnt gewöhnlich unter der Erde in einem Baue, den er entweder auf freiem Felde, unter Anhöhen, oder Bäumen, in Waldungen, und in Felsen selbst gräbt, oder dem Dachse abnimmt, und hernach

nach erweitert, und ihn mit besonderen Fluchtröh-
ren, durch die er im Nothfalle seinen Ausgang
nimmt, versteht. Seine Nahrung besteht in allerhand Thieren, deren er sich bemächtigen kann, besonders ist er dem Federwildpret, und den Enten
und Hühnern vorzüglich auf einsam liegenden Hö-
fen sehr gefährlich. In Dörfer geht er so leicht
nicht, und da er keinen Fraß vorzüglich auf der
Erde sucht, so geht er nicht auf Hühner- und Taubenhäuser, wohl aber in Gänse- und Entenställe,
und in Fasanerien feiert er sein größtes Fest. Kann
er Hühner in den Gärten erwischen, so sind sie ihm
gewiß eine sehr angenehme Beute. — Er ranzt
im Februar, die Füchsin geht neun Wochen dick,
und wirft alsdann fünf bis sieben Junge, die blind
gebohren werden, und in diesem Zustande vierzehn
Tage bleiben, und dann oft mit der lebendigen
Beute, die ihnen von den alten gebracht wird,
spielen. Man fängt diesen Räuber entweder in
den bekannten Fuchsfallen, oder schießt ihn, oder
gräbt ihn aus. Man reizt ihn auch, wenn man
den ängstlichen Ton oder das Gequälse eines ge-
fangenen Haasens nachahmt, wo er dann Beute
zu machen glaubt, davor aber tüchtig auf den Pelz
gebrennt wird. Am bequemsten aber fängt man
ihn mit dem Tellereisen, das man bedeckt und mit
folgender Witterung belegt: Man nimmt nemlich

ein

ein Pfund frisches Schweinefett, und läßt dieses in einem neuen Topfe schmelzen. Alsdann wirft man drei zerschnittene Zwiebeln hinein, und wenn diese braun gebraten, ein Stückchen Kampfer eines kleinen Fingers lang. Sobald der Kampfer zergangen ist, so legt man kleine Stückchen Brod in der Größe der Haselnüsse in die Masse, und wenn diese röthlich werden, so thut man endlich zwei Löffel voll Honig hinzu. Wenn alles dieses zusammen einigemal aufgekocht hat, so nimmt man ein Stückchen Brod heraus, und bedient sich desselben folgender Maßen: Man nimmt ein Hammelgekröse, tunkt es in diese Mischung, bestreicht es damit, und schleppt es hinter sich her bis zum Anstande oder dem gelegten Eisen, und läßt von Zeit zu Zeit ein Stückchen von dem gebratenen Brode fallen. An das Eisen befestiget man dann die Witterung gut, damit sie der schlaue Fuchs, ohne sich zu fangen, nicht wegschleppe. Diese Masse kann man lange in einem wohlverwahrten Topfe aufhalten.

§. 88.
e) Das Wiesel.

Man hat zweierlei Arten von diesem Geschlechte, nemlich das große und das kleine. Beide unterscheiden sich aber blos durch ihre Größe von einander. Der Kopf, Hals und Leib ist bei

diesem

diesem schlanken Thierchen beinah von einerlei Dicke, und dadurch sind sie im Stande, durch alle Ritzen zu schlüpfen, durch welche sie nur immer den Kopf durchpressen können. Einige sind bräunlich oder roth mit weißen Kehlen, andere sind ganz weiß mit einem schwarzen Blümchen an der Ruthe. Ihren Aufenthalt haben sie in Steinhaufen, Felsenklüften, an den Ufern der Flüsse, in hohlen Bäumen, auf den Wiesen und Aeckern, in Maulwurfsbauen, welche sie sich nach ihrer Bequemlichkeit erweitern und einrichten, in Dörfern unter Holzhaufen, in Scheunen, auf Heu- und Strohboden. Sie ernähren sich von Hühnern, Tauben, Eiern und jungen Hasen. Ihre Ranzzeit ist im März; die Mutter trägt ungefehr fünf Wochen, und bringt dann sechs bis acht Junge, die blindgebohren werden, und binnen neun Tagen die Augen auch nicht öffnen. Ihr Balg, besonders der weißen, wird von unsern Landleuten zur Vertreibung des Geschwulstes, besonders an den Eutern der Kühe mit dem besten Erfolge gebraucht. Man fängt und schießt sie. Da sie aber auch gar zu gern Eier aussaufen; so kann man sich auch folgenden Mittels zu ihrer Vertilgung bedienen. Man nehme nemlich frische Eier, mache ein kleines Loch hinein, und thue Mercurium sublimatum darein; lege sodann diese Eier an jene Oerter, wo man

glaubt,

glaubt, daß sich die Wiesel aufhalten. Werden sie
nun die Eier gewahr, so saufen sie selbe nach ihrer
Gewohnheit aus, und kommen gewiß nicht wieder.

f) Die Ratten.

Diese garstigen kahlschwänzigen Thiere machen
sich nicht nur über das noch ganz junge Flügelwerk
her, sondern saufen auch die Eier aus. Man kann
sie folgender Maaßen wegräumen: Man nimmt:

Anisöl, zwei Loth

Arsenik oder Hüttenrauch, ein halb Pfund.

Geriebene Krähenaugen, vier Loth.

Schweinefett, ein Pfund,

mischt alles dieses unter einander, macht Pillen
daraus, und stellt davon an den Ort hin, wo man
sie bemerkt hat, oder wirft sie in ihre Löcher, wenn
man sie nemlich weiß.

Will man aber noch kürzer davon kommen, so
darf man nur große Rosinen nehmen, diese spalten,
in jede etwas Arsenik thun, und sie so an die Plätze
streuen, wo die Ratten am mehrsten hausen. Aus
eigner Erfahrung weiß ich, daß die Rosinen eine
Lieblingsspeise der Ratten sind und daß eben sie die
beste Art von Pillen sind, worin man den Ratten
das Gift beibringen kann.

§. 89.

Unter den Raubvögeln sind folgende vorzüglich als Feinde des Flügelwerks bekannt.

S   1) Der

1) Der kleine Adler.

Diesen Raubvogel nennt man auch den Entenadler, Gänseadler, Schelladler und kleinen Steinadler. Er ist nicht über dritthalb Fuß lang und überhaupt ein klagender Vogel, dessen Körper rostbraun, weißgefleckt, und dessen Fänge bis auf die Krallen befiedert sind. Er hält sich nur einzeln in Deutschland auf. Im Jahre 1793 wurde hier einer bei Schloß-Ippach geschossen. Seine vorzüglichste Nahrung besteht in Enten und Tauben, so wie auch in großen und kleinen Feldmäusen.

2) Der Hühnergeier.

Dieser bei uns recht gut bekannte Vogel wird auch Gabelweih, Gabelgeier, Stößer, Hühnerdieb und Weyhe genennt. Die Länge seines Körpers von der Spitze des Schnabels bis an die Fußsohlen beträgt zwar nicht über sechszehn Zoll, und doch kann er seine beiden Flügel beinah fünf Fuß weit ausspannen. Sein Augenring und seine Füße sind gelb, die Krallen schwarz, der Schnabel hornfarbig gegen die Spitze schwärzlich, und der lange gabelförmige Schwanz hat eine fuchsrothe Farbe. Er bringt den größten Theil seines Lebens in den Lüften zu, setzt sich sehr selten, und durchstreicht fast jeden Tag gleichsam schwebend unermeßliche Räume.

3) Der

3) Der Weyhe.

Man nennt diesen gleichfalls bei uns sehr bekannten Vogel, auch Mäusefalke, Basard, Kittelweyhe und Sumpfweyhe. Er hat ungefähr die Größe eines Kolkraben, ist oben aschgrau, unten weiß und dunkelbraun gesprenkelt und gewellt. Nebst den jungen Haasen, Kaninchen, sind auch Rebhühner und Tauben eine angenehme Beute für ihn, so wie er dann auch gern die Vogelnester ausplündert. —

4) Der Ringelfalke.

Man nennt diesen auch Halbweyhe, aschfarbenen Falken und Bleifalken. Er hat einen eulenartigen Kopf. Das Männchen ist aschgrau oder bleifarbig, der Bauch bloß und mit länglichten rothen Federn besetzt. Das Weibchen aber hat einen dunkelbraunen und rostfarbenen geflecten Oberleib und einen gelblichen mit dunkelbraunen Flecken besetzten Unterleib. Obschon seine meiste Nahrung in Feldmäusen, Maulwürfen besteht, so sucht er sich doch auch Tauben, Lerchen und andere kleine Vögel zu verschaffen. — Im Sommer hält er sich in den Wäldern, wo er auch horstet, auf, im Herbste und Frühjahre aber trift man ihn als gewöhnlichen Raubvogel in den Ebenen an, wo er immer über der Erde hinschwebt. —

4) Der

5) Der Roßweyhe.

Dieser ist viel kleiner als die gemeinen Weyhen, auf dem Kopfe röthlich gelb, auf dem übrigen Oberleibe chokolatenbraune mit roßfarbenen Flecken. Kehle und Füße sind gelb. Die Flügel bedecken gänzlich den Schwanz und die Oberschenkel sind ganz befiedert. Sein Aufenthalt ist in Gebüschen, im Schilf nahe bei fischreichen Teichen, Flüssen und Sümpfen. Seine Nahrung besteht in Wasserhühnern, zahmen und wilden Enten, Fischen, Kröten, Fröschen, und im Winter in Feldhühnern. —

6) Der Habicht.

Diesen bei uns ebenfalls sehr bekannten äußerst raubsüchtigen Vogel, nennt man auch Taubengeyer, Stockfalke und Sternfalke. Ueber jedes Augen desselben läuft ein weißer Strich, der Oberleib ist braun, der Unterleib aber weiß mit einer Menge regelmäßiger dunkelbrauner Querwellen. Tauben, Feldhühner und alles nützliche Waldgeflügel sind seine Äßung. Er ist so frech, die jungen Gänse und Hühner vom Hofe wegzuhohlen. Die Tauben sucht er sowohl auf dem Felde, als auch bei ihren Wohnungen auf. Er stößt von oben herab auf sie, oder jagt sie vor sich her, wo er sie, da sie einen schnellen Flug haben, nicht so leicht erhascht, als wenn er auf sie stößt. Am gefährlichsten aber ist er den Tauben im Frühjahre; er hält sich da den Tag über um die Dörfer herum,

auf

auf einzelnen Bäumen, auf; daher ihm dann auch
die Tauben, die ihre Wohnungen nah am Felde
haben, am meisten ausgesetzt sind. Er kömmt des
Tags gemeiniglich zweimal, nemlich einmal Vor-
und einmal Nachmittags, und das zwar gewöhnlich
um die nemliche Stunde. Sobald ihn die Tauben
erblicken, so eilen sie so schnell, als sie können,
ihrem Schlage zu; oft aber erwischt er noch eine
vor dem Flugloche, oder nimmt sie in aller Ge-
schwindigkeit gleich vom Dache weg. Mit dem er-
haschten Raube fliegt er nicht weit, sondern setzt
sich nur auf einen nahen Baum, oder hinter eine
Hecke, oder auch wohl gleich im Dorfe in einen
Garten an eine Mauer, oder endlich auch aufs
freie Feld, rupft da seine Beute, verzehrt sie,
oder nimmt sie weiter mit fort. —

§. 90.
7) Der große Sperber.

Dieser, den man auch Taubenfalken
nennt, ist etwa so groß, als ein mittelmäßiger
Rabe. Seine Farbe ist lichtblau, sein Schwanz
etwas lang und die Schwungfedern in seinen Flügeln sind scharf zugespitzt. Wenn er seinen Raub
auskundschaftet, so fliegt er gern hoch in die Luft;
erblickt er ihn aber, so stürzt er gleichsam mit
Blitzesschnelle senkrecht herauf auf denselben, hackt
ihn, setzt sich bald damit nieder, rupft und verzehrt
ihn. Diesen Vogel, den man von Weitem selbst

S 3　　　　für

für eine Taube halten sollte, nennt man auch an
einigen Orten Habicht.

8) Die Raben, und unter diesen vorzüglich die Kolkraben.

Auch diese stellen zuweilen den Tauben nach.
In Gesellschaft jagen sie eine Taube in der Luft
und verfolgen sie mit großem Geschrey. Sie ver-
wunden sie gelegentlich mit ihrem Schnabel
oder mit ihren Krallen, und lassen selten nach, bis
sie sinkt, und dann entweder eine Beute für sie
wird, oder doch todt liegen bleibt. —

§. 91.

Dieses wären dann die geflügelten Taubenfein-
de. Es bleibt uns daher noch übrig, die Mittel
anzugeben, wie sie auf die Seite geschaft werden
können. Was nun eigentlich die Beseitigung der
eigentlichen Raubvögel betrift, so werden diese

entweder geschossen, oder
in Stoßgarnen, die man
auch Raubstöße nennt, oder auch
auf dem Sättel gefangen. —

Will man einen solchen Raubvogel schleßen,
so muß man ihm in einem hinterhalte aufpassen,
nemlich sich da, wo man ihn mehrmalen bemerkt
hat, ganz verstohlen hinstellen, und ihn, wenn er
kömmt, auf den Leib brennen. Oder weiß man
nah am Dorfe oder bey der Stadt einen Baum auf
dem Felde, wo sich vorzüglich der Habicht aufzu-
halten pflegt, da schlägt man in einiger Entfernung

nung davon einen Pfosten in die Erde, und an
diesen bindet man mit einem Bindfaden eine Taube;
tritt sodann auf die Seite und verbirgt sich etwas.
Kömmt nun der Raubvogel und siehet sie, so fliegt
er auf sie los, kann aber, da sie angefesselt ist,
nicht gleich mit ihr fort; man gewinnt demnach
desto mehr Zeit, sein Gewehr auf ihn loszudrücken,
und ihn zu erlegen. —

Will man die Raubvögel mit einem Stoßgarn
fangen, welches wirklich sehr angenehm ist, so verfährt man folgendermaaßen. Man läßt sich aus
starkem Zwirn ein Garn stricken, welches ganz die
Form eines sehr großen, unten und oben offenen
Sackes hat. Mit diesem geht man nun aufs Feld,
nimmt vier Stangen, die länger, als das Garn
sind, dann mehrere hölzerne Häkchen, und eine
Taube, die, wenn etwa Schnee liegt, schwarz,
wenn aber keiner liegt, weiß seyn muß, nebst einem Dratgitterchen, das wie ein Hutkopf gestaltet
ist, und dann ein Schüsselchen mit Gerste, und ein
anderes, worein man Wasser thut, mit. Wenn
man sich nun vorher einen recht offenen und freien
Platz ausgesucht hat, und mit seinem ganzen Ap-
parate allda angekommen ist, so geht man folgender Gestalt zuwerke: Erstlich macht man beinahe
an der Spitze einer jeden Stange von unten hinauf
einen flachen Einschnitt, jedoch ohne etwas heraus
zu schneiden; sodann schlägt man die Stangen in
die Erde, so daß sie ein Viereck bilden, welches so

weit

weit, als das Garn ist. Nun nimmt man die
Taube, bindet ihr die Füßgen zusammen, befestiget
ein etwa sechs Zoll langes Hölzchen daran, und
pflöckt sie so in dem Mittelpunkte des von den ein=
geschlagenen Stangen gebildeten Vierecks an der
Erde, daß sie sich gar nicht regen kann. Ist die=
ses geschehen, so stellt man ihr ein Schüsselchen
mit Gerste und ein anders mit Wasser vor und
stülpt das hutkopfförmige Dratgitterchen, welches
man noch mit hölzernen Häkchen an die Ende befe=
stiget, über sie her. Nun nimmt man das bereit
liegende Garn, schiebt es an den vier aufgerichte=
ten Stangen in die für dasselbe gemachten Ein=
schnitte, und zwar so, daß es nicht zu fest hängt.
Auf diese Art bildet es einen ganz unten und oben
geöffneten in ein Viereck ausgespannten Sack, in
dessen Mitte unten auf der Erde die Taube ange=
fesselt und gleichsam unter einem drätternen Hut=
kopf eingekerkert ist. Damit nun aber auch dieses
ausgespanate Garn nicht vom Winde hin und her
geworfen, und so hierdurch die Taube gleichsam
aus dem Mittelpunkte entrückt werde, so bereitet
man unten auf der Erde das Garn auf allen vier
Seiten zwischen den Stangen hübsch aus einander,
und befestiget es mit hölzernen Häkchen auf dem
Boden. Nun kann man getrost nach Hauß gehen.
Kommt dann etwa ein Raubvogel, so wird er von
Weitem schon die Taube bemerken, und in seiner
ihm natürlichen etwas schiefen Richtung auf sie

hin=

hineinfahren, auf das Garn, welches er, da es
ohnehin weiß ist, gar nicht siehet, stoßen, und
hierdurch bewirken, daß es von allen vier Stangen,
in deren von unten hinauf gemachten Einschnitten
es eingeschoben war, herunter fälle, und ihn,
nemlich den Räuber, ganz einwickelt. — Ich rede
hier ganz aus eigener Erfahrung; denn ich habe
durch einen solchen Raubstoß bei Schloß Blipfach
mehrere Raubvögel gefangen, aber auch einmal
gefunden, daß ein solcher grad von oben herunter
durch das oben offene Garn gestoßen, das Draht-
häuschen aufgerissen und meine schöne weiße Taube
verzehrt, und sich auch grad wieder oben hinaus
gemacht hatte, ohne das Garn weiter zu berühren.
Ich muß aber auch gestehen, daß ich allezeit eine
große Freude hatte, wenn ich einen so großen Kerl
im Garn verwickelt antraf. Größtentheils lag er
auf dem Rücken, guckte mich an, als wenn er
Appetit hätte, mich zu verzehren, und wenn ich
mit dem Ladestocke von meinem Gewehr nach ihm
stieß, that, als wenn er mir eine Patschhand geben wollte. Uebrigens wollte es mir keinmal ge-
lingen, so einen freundlichen Gast mit bloßen Händen heraus zu wickeln, sondern ich mußte ihm
allezeit mit dem Gewehrkolben einen ihm ziemlich
unangenehmen Weg weisen. —

§. 92.

Will man die Raubvögel auf dem Sattel
wie es die Jäger nennen, fangen, so ve-

G 3

man folgender Gestalt: Man nimmt eine Taube, sodann ein zwei Finger breites Leder, macht von starkem Pferdhaar Schleifen, so wie man sie zum Dohnen- oder Drosselfang braucht, hinein, bindet alsdann dieses mit Schleifen versehene Leder, welches vom Halse der Taube bis an den Schwanz gehen muß, der Taube, mit kreuzweise über den Rücken bis hinten, geht nachher damit an die Oerter, wo die Raubvögel des Abends entweder zu Holz fliegen, oder des Morgens verstieben. Sobald nun der Raubvogel nach seinem Horste oder Neste fliegt, oder des Morgens verstiebt, und man ihn bemerkt, so läßt man die Taube fliegen, wo er dann bald herunterstürzen und nach der Taube greifen wird. Statt aber seinen Zweck zu erreichen, wird er sich mit einem oder beiden Fängen (Füßen) selbst in den Schleifen fangen, und sodann entweder mit der Taube auf der Erde, oder auf einem Baume anfußen wollen, aber — nicht können. Hat er aber wirklich die Taube, so muß man ihm gleich nacheilen, um ihn auch erlegen zu können; denn läßt man ihm Zeit, so verzehrt er die Taube, macht sich nach und nach aus seinen Fesseln los, und man hat ihm vergebens eine Taube zum Opfer gebracht. —

Die Raben, die man weder durch Raubstöße, noch auf dem Sattel fangen kann, schafft man sich entweder durch die Flinte, durch Zerstörung ihrer Nister, oder auch durchs Vergiften vom Halse.

Man

Man schüttet im Winter entweder vom Blute ge=
schlachteter Thiere etwas auf den Schnee und
streuet kleingemachte Krähenaugen darauf, ober
man füllt Kalbauen mit gepülverten Krähenaugen
und hängt sie Stückweis auf den Bäumen herum.
Die Raben und Elstern, die von diesem Trakta=
mente genießen, werden gewiß ihren Geist aufge=
ben — Will man aber im Winter, wo die Raben
beim Schnee gern zu Dorfe geben, so kann man
es so machen: Man macht Deuten von Papier,
thut unten in dieselbe ein Stückchen Fleisch, oben
aber bestreicht man sie inwendig mit Vogelleim, und
steckt sie so in den Schnee, so daß bloß ihre obere
weite Mündung herausguckt. Wenn nun die Ra=
ben kommen, und das Fleisch wittern, so werden
sie es gleich wollen aus der Deute heraushohlen,
mit dem Fleische im Schnabel aber auch zugleich
die ganze Deute so um den Kopf gezogen und ge=
klebt haben, daß sie gar nicht sehen können. Da
kann man sie dann als geblendet und in ihrer
großen Verwirrung leicht schießen. —

§. 93.

Unter den Insekten erscheinen vorzüglich:
die Wanzen,
Flöhe und
Läuse
als Feinde des Flügelwerks. —

Die Wanzen stellen sich vorzüglich in den Hüh=
ner= und Taubenhäusern ein, verbergen sich theils
in

in den Nestern, theils zwischen dem Miste dieser Thiere, beissen und plagen dann jung und alt auf die empfindlichste Art. Das beste Mittel, das man hier noch anwenden kann, ist das fleißige Reinigen der Ställe; denn die Wanzen ganz zu entfernen, dürfte wohl nicht gut thunlich seyn. Man weis ja, wie außerordentlich schwer es mit dem Vertreiben der Bettwanzen hält. —

Die Flöhe hüpfen gleichfalls in den Hühner- und Taubenhäusern herum, und nehmen vorzüglich in den heißen Sommertagen so überhand, daß einem weiße Strümpfe, wenn man mit diesen in einen solchen Stall gehet, in kurzer Zeit mehr schwarz, als weiß erscheinen. Auch hier ist Reinlichkeit der Ställe das beste Mittel.

Die Läuse, die man vorzüglich bei den Hühnern, und bisweilen auch bei den Gänsen antrifft, sind auch eine sehr große Plage für diese Thiere. Reinlichkeit der Ställe und Einstreuen des Sandes nebst Einlegen des Farrenkrauts (Polypodium filix) ist hier nicht genug zu empfehlen; dann aber wende man noch folgende Mittel an: Man bestreiche den Thieren, die stark damit behaftet sind, den Kopf zuweilen mit Oel, oder benetze die Thiere mit Kuh-Urin, oder mit Wasser, worin Feigbohnen abgesotten worden; oder man nehme ein Viertelpfund weiße Nießwurz, und lasse diese in vier Mösel Wasser so lang kochen, daß nur anderthalb Mösel übrig bleiben; lasse sodann dieses Decoct durch

ein

ein leinen Tuch laufen, thue zwei Loth Pfeffer und
ein Loth gerösteten Tabak dazu, und wasche die da
mit behafteten Thiere etlichemal damit; oder man
tödte Quecksilber in Schweineschmalz, als wenn man
die gewöhnliche Läusesalbe machen will, bestreiche
an verschiedenen Plätzen des Stalles die Winkel
und Flecken damit, reinige sodann nach etlichen
Tagen den Stall und Streue, frischen groben Sand
hinein. —

Auch kleine Mücken oder Fliegen, können da
durch, daß sie sich den jungen Gänsen in die Na
senlöcher und Ohren setzen, gefährlich werden,
und verdienen daher auch in dieser Hinsicht Gän
sefeinde genennt zu werden. Hierwieder bedient
man sich entweder des Leinöls, indem man damit
in den Monaten Junius und Julius die Ohren
der Gänse einschmieret, oder man schüttet etwas
Gerste in tiefe mit Wasser angefüllte Tröge Wenn
nun die Gänse die zu Boden gesunkene Gerste her
aus hohlen wollen, so sehen sie sich genöthiget,
die Köpfe bis über die Ohren ins Wasser zu stecken
und reinigen sich dadurch von den Mücken und
Fliegen. —

§. 94.
2) Die Krankheiten des Federviehes
und ihre Heilung.

Einige Krankheiten sind allem Federvieh ge
mein, andere aber nur dieser oder jener Gattung.
Wir betrachten hierzu

1) die

1) die allgemeinen Krankheiten
des Federviehes.

Hieher gehöret nun

a) das Mausen oder Federn.

Dieses besteht in dem Ausfallen der alten und neuen Federn, und tritt gewöhnlich zu Ausgang des Sommers oder mit dem Eintritte des Winters ein und dauert bekanntlich mehrere Wochen. Sehen wir die Federn bei dem Flügelwerk als eine Art von Pflanzen an, die nach einem periodischen Wachsthum reif werden, mithin dem höchsten Grad ihrer Vollkommenheit erlangen, so läßt sich das Mausen, als eine ganz natürliche Erscheinung erklären. Die Federn erreichen nemlich mit den Jahren ihre Vollkommene Reife, und fallen daher aus. Damit aber das Fliegewerk im Fliegen und andern Verrichtungen nicht zu sehr gehindert werde, auch nicht zu stark in seiner Gesundheit angegriffen werde, hat es die Natur so eingerichtet, daß die alten Federn nicht an einem Tage, sondern nach und nach einige Wochen hindurch ausfallen, und die neuen sogleich nachwachsen. Daß aber das Mausen, jedesmal mit einer gewissen ihr eigenen Krankheit vergesellschaftet seye, bemerkt man daraus, daß das Vieh zu solcher Zeit wenig Lust zum Fressen zeigt, öfters aufgeblasen und ganz traurig da sitzt, und mit dem Schnabel beständig an den Federn arbeitet. Es giebt sich Müh, die Scheide der neuen Federn zu durchbeissen, um hier-

durch

durch das Jucken zu vermindern und das Wachsthum der neuen Federn zu befördern. Die meisten
Schmerzen scheint das Flügelwerk alsdann am
stärksten zu haben; wenn ihm die größern Federn
an den Flügeln und am Schwanze ausfallen. Es
ist gut, wenn man das Vieh, um diese Zeit, wenn
es etwa viel leiden muß, so viel als möglich warm
hält, und ihm gutes Futter giebt. Ein anderes
Mittel, das hier anzuwenden wäre, ist mir nicht
bekannt. —

b.) Die Darre, Darrsucht oder
Vermagerung.

Diese Krankheit besteht in Verstopfung und
Verhärtung der über dem Schwanze befindlichen
Fettdrüse, und diese rührt von einer Verdickung
des Bluts und der Lymphe her. Daher sie auch
immer Hitze und Verstopfung zur Begleitung hat.
Dieses Uebel selbst aber entsteht aus einer schnellen
und allzugroßen Erhitzung, aus Wassermangel,
wenn sie allzulange Durst leiden müssen, oder aus
Durst gezwungen werden, faules und unreines
Wasser zu saufen. Die damit behafteten Thiere
sind traurig, sträuben ihre Federn, hacken mit dem
Schnabel beständig auf die Gegend des Uebels, um
die Drüsen aufzustoßen und zu öffnen, und sich
Linderung zu verschaffen. Sie fressen dabei wenig,
ermatten, zehren sich ab, und sterben endlich,
wenn man ihnen nicht bei Zeiten hilft. —

Man

Man schneidet, um eine zweckdienliche Cur vorzunehmen, entweder den verhärteten oder schwürigen Theil ganz weg, bestreicht ihn mit ungesalzener Butter und Asche, oder öffnet die Geschwulst bei reifem Eiter, drückt sie rein aus, und wäscht die Wunde mit warmen Weinessig aus. Während der Krankheit giebt man dem Thiere Sallat, Gerstenkleye und Roggen in einer hinlänglichen Portion Wasser gekocht. Ist das Thier wieder gesund, so thut man am besten, man macht es fett und schlachtet es. Denn bei der zerstörten Fettdrüse, wodurch ihm das Einschmeiren der Federn unmöglich gemacht wird, verkümmert es über kurz oder lang, und stirbt dann an der Auszehrung. —

§. 95.
c) Der Pips.

Diese Krankheit, welche man Phipps, Zips und Pipp nennt, ist eigentlich eine Unreinigkeit der Lymphe, welche die Cirkulation der Säfte hindert, und die Nasenlöcher und zarten Drüsen in der Schleimhaut auf der Zunge verstopft. Es entsteht daraus eine Verhärtung der Zungenspitze, auf welcher sich eine kleine weiße Haut oder Schuppe erzeugt, die eigentlich den Namen Pips hat. Diese Krankheit verstopft anfangs die Nase und ist mit einem Fieber verbunden; zuletzt fließt eine schleimigte Feuchtigkeit aus der Nase; die Zungenspitze wird gelb und das Uebel wird unheilbar. Es

ent-

entſteht von friſchen warmen Brode, von heißem Futter, beſonders bei den jungen Hühnern, von unreinem faulen Getränke, oder wenn das zum Saufen beſtimmte Waſſer in friſchen eichenen und fichtenen Trögen ſteht, und vorzüglich bei den Hüh⸗ nern im Mangel an Inſekten; denn dieſe ſcheinen dieſen Flügelgeſchlechte ſowohl zur Nahrung, als auch zur Erhaltung der Geſundheit ſehr nothwendig zu ſeyn. — Die gewöhnliche Kur iſt, daß man mit einem Federmeſſer oder einer Stecknadel die zarte auf der Zungenſpitze ſitzende Haut abreißt, und ſie dem Patienten mit Brod, Butter und etwas Pfef⸗ fer zu verſchlucken giebt, und die Zunge mit unge⸗ ſalzener Butter, oder mit Weineſſig, worinn Salz aufgelößt worden, beſtreicht, einen kleinen Feder⸗ kiel durch die verſtopften Naſenlöcher ſteckt, und denn das Thier zwei bis drei Stunden von allem Futter und Getränke abhält. Den folgenden Tag giebt man ihm eine in Stückchen zerſchnittene Knob⸗ lauchszehe mit Butter, oder einige Stückchen Speck, die man in gepulverten rohen Spießglaſe umgewälzt hat, ein, und reibt den Schnabel mit Oel ab, in welchem Knoblauch eingeweicht war. —

d) Die Verſtopfung.

Dieſe rührt von zu vielen trocknen und hitzigen Futter her. Zu Pulver geriebene Sennesblätter in

T   Pil⸗

290

Pillen von Mehlteig eingegeben; so wie dann auch Kalbannenbrüh, in welche man Brod eingeweicht hat, schlagen durch. —

e) Der Durchlauf.

Dieser entsteht von schädlichen Nahrungsmitteln. Wider ihn dient trocknes Futter mit Kümmel
Calmus und Tormentillwurzeln bestreuet, so wie
auch warm gemachte Erbsenkleien; oder eine handvoll Gerstenmehl, ein Stückchen Wachs, und ein
wenig Essig über dem Feuer in einem irdenen Tie-
gel wohl unter einander gerührt, und wenn es kalt
geworden, den Thieren zu fressen gegeben. —

f) Der Catharr, Fluß oder das
Röcheln.

Dieser hat wohl größtentheils seine Quelle in
zu großer Kälte oder Hitze. Man heilt ihn entweder durch Reinigung der Nase mit einer Feder, oder
wenn an den Augen oder dem Schnabel ein Gewächse entsteht, durch Oeffnung desselben, und Auswaschen der Wunde mit warmen Essig. —

g) Böse Augen.

Wider dieses Uibel quetscht man ein wenig
Schöllkraut, Bauernwundkraut und Epheu in ei-
nem steinernen Mörser und preßt den Saft aus.
Zu

In einem halben Nößel deſſelben gießt man dann
vier Löffel voll weißen Wein, tauche einen feinen
Pinſel in dies Augenwaſſer, und beſtreiche Morgens
und Abends die Augenlieder damit; oder man nimmt
Salmiac, Kümmel und Honig, von jeden gleich-
viel, zerſtößt es durch einander, und ſchmiert damit die Augen.

h) Der Beinbruch.

Hierbei läßt ſich nicht viel machen. Man kann
das zerbrochene Bein wohl ſchienen, und ſodann
das leidende Thier bei gutem Futter einſperren; allein am beſten thut man, wenn man daſſelbe lieber
gleich abſchlachtet und verſpeißt.

§. 96.

a) Beſondere Krankheiten des Feder-
viehes.

α) Krankheiten der Truthühner.

Da die Truthühner in den erſten Tagen ihres
Lebens weder Kälte noch Näſſe vertragen können,
und überhaupt außerordentlich weichlich ſind, wie
wir auch bereits oben bemerkten, ſo ſind ſie auch
in dieſer Zeit mannichfaltigen Zufällen unterworfen.
Ein vorzügliches Präſervativ für verſchiedene Uibel
iſt, daß man ihnen Waſſer, worin man etwas we-

T 2   niges

niges Pfeffer gekocht hat, zu saufen gebe, und ih=
nen, da sie der Verstopfung öfters unterworfen
sind, zuweilen etwas Baumöl eingebe, so wie es
dann auch überhaupt sehr gut, wenn man ihnen
bisweilen ganz warme Milch, wie sie von der Kuh
kömmt, vorsetze; dieses Mittel schadet nie, und
giebt gewiß dem zärtlichen Vieh eine sehr angemes=
sene Nahrung. Sind aber die Thierchen etwas
größer, und bekommen Verstopfung, so kann man
ihnen durch Eingeben einer Spinne schon Oeffnung
verschaffen. — Ueberhaupt aber ist es schon em=
pfehlungswürdig, wenn man ihnen die ersten sechs
Wochen ihres Daseyns zuweilen große Ameisen
und Ameiseneier vorstreue. Sonst aber ist folgen=
des noch eine ganz eigene Krankheit der Trute.

Krumme Beine.

Zu diesem Uibel kann die geringste Kälte, oder
auch nur das Verbrennen von Brennesseln Gelegen=
heit geben. Dieses zu vermeiden, ist's nöthig, daß
man ihnen von Jugend auf das oben für sie be=
stimmte Futter gebe, welches nicht zu dünne und
schwache Nahrungssäfte macht, und daß man da=
bei die Ausdünstung gehörig erhalte, als durch
deren Zurückhaltung ihre mehrsten Krankheiten ent=
stehen; daß man, wie wir auch oben bereits be=
merkten, für die Stärkung ihrer Füße sorge, sie

vor

vor Regen behüte, welcher ganze Heerden tödten
kann, indem durch die Kälte und Nässe an der Haut,
dieselbe ganz zusammengezogen, und so die Ausdünstung ganz gehemmt wird.

b) Krankheiten der Hofhühner.

Hierher gehört nun:

a) Die Hühnerseuche.

Die Ursache dieser Krankheit ist noch nicht bekannt. Genug die Hühner sterben gleich so häufig
weg, als wenn eine Pest unter ihnen wäre, so wie
man diese Krankheit auch wohl die Hühnerpest nennen könnte. Folgende zwei Mittel werden dagegen
empfohlen:

A) Man siedet eine Handvoll Asche von Eschen-
rinden in einem Maaß Wasser, und läßt die Patienten davon saufen.

B) Man siedet in einem Maaß Wein und eben
soviel Wasser eine kleingehackte Knoblauchszehe und
einen Löffel Salz eine halbe Viertelstunde, thut alsdann ein Maaß Baumöl dazu, rührt alles wohl unter einander, und giebt dann davon jedem Huhne
des Tags etliche Löffel voll.

b) Die fallende Sucht.

Bemerkt man das Daseyn dieser Krankheit, so
beschneidet man den damit behafteten Hühnern die

T 3   Nä-

294

Nägel, bemeit ffe mit Wein, unb giebt ihnen fieben
bis acht Tage gelochte Gerfte, unb nach biefem ge:
ffoßene Blätter von Kohl unb Gartenfallat jum
Abführen mit Waijen ju freffen. —

c) Die Krätje.

Bei biefer Krankheit bie Buchoj bie Galle
nennt, fallen ben Hühnern an verfchiebenen Theil:
len bie Febern aus. Um ffe ju furiren, bläßt man
ihnen mit bem Munde warmen Wein auf ben leis
benben Theil, unb läßt ihn am Feuer ober an ber
Sonne abtrocknen; unb giebt ihnen babei Kohl
unb Gartenfallat jur Erfrifchung unter gutes
Futter.

d) Das Pobagra.

Diefe Krankheit bekommen bie Hühner von Er:
frieren ber Füße ober von unreinen Ställen. Die
Füße werben ffeif unb bick; bie Thiere können nicht
orbentlich gehen, unb ffch in ihrem Stalle nicht auf
ben Stangen erhalten. Um ffe bavor ju bewahren,
muß man ben Stall immer reinlich halten, unb
verhinbern, baß bie Hühner nicht in ihrem eignen
Mifte gehen, weil ihnen biefer fonft an ben Füßen
hängen bleibt, unb eben biefes Uibel bewirkt; fer:
ner muß man bafür forgen, baß bie Thiere ber
Kälte nicht ju fehr ausgefetzt ffnb, baß ffe bes
Nachts

Nachts niemals braußen bleiben, und daß ihr Stall
warm genug seye. Um aber die Hühner von dem
Podagra selbst zu befreien, reibt man ihnen die
Beine mit Hühnerfett, oder wenn man das nicht
hat, mit frischer ungesalzener Butter. —

e) Die Aufstößigkeit.

Diese Krankheit, welche eigentlich in Mangel
an Freßlust bestehet, rührt von verschleimten Magen und von unverdaulichen Speisen her. Zur Heilung dieses Uebels wirft man den Hühnern nur
eine Handvoll große Ameisen, so wie auch Ameiseneier vor. —

f) Das Aufblasen des Kropfes.

Dieses entsteht von zu hitzigen Nahrungsmitteln. Der Kropf wird ganz herausgetrieben, man
siehet, indem derselbe ganz außerordentlich gespannt
wird, rothe Adern daran; die Hühner räuspern
sich und schleudern mit dem Schnabel. Gewöhnlich
ist dieser Zufall tödtlich. Will man aber helfen, so
schneidet man dem kranken Thiere zur Seite den
Kropf auf; nimmt das harte unverdauliche Futter
heraus, nähet ihn mit feiner Seide wieder ganz
sauber zu, bestreicht die Wunde mit Butter und
Essig, und giebt ihm reiches Futter, z. B. Heinge-
T 4   hack-

hackten Kohl, Sallat mit Kleie und Waſſer, in
welchem etwas Zucker zergangen iſt, vermengt. —

g) Das Schwellen des Kopfes.

Dieſe Krankheit hat ihre Quelle in feuchtem
und dumpfigen Futter. Man reibt den Patienten,
um ſie zu kurtren, die Zunge fleißig mit Salz, und
giebt ihnen Knoblauch mit Butter oder weißen Thran
ein. —

§. 97.

c) Die Krankheiten der Tauben.

Unter die den Tauben eignen Krankheiten gehören:

1) Die Schwehrmuth.

Die Quelle dieſer Krankheit iſt meiſtentheils
ein verdicktes, ſchweres und ſchwarzes Geblüt, der
eblofe Stand, und ein anhaltendes ununterbroche-
nes Füttern mit Erbſen. Die damit behafteten
Thiere haben wenig Luſt zum Freſſen, ſitzen traurig
und mit finſtern Geberden da, legen den Kopf
rückwärts über die Flügel, und ſcheinen von innerm
Kummern ſich das Leben zu verkürzen. Die Mittel
gegen dieſe Krankheit ſind ſo verſchieden, als ihre
Urſachen. Liegt die Urſach in der Laſt des unehli-
chen

chen Standes, so giebt man einer solchen Taube
einen Gatten, rührt aber das Uibel von dem lang-
dauernden Genuße der Erbsen her, so giebt man
ein anderes Futter; liegt aber die Schuld an dem
dicken Geblüte, so dürfte wohl der Tod die nächste
Folge seyn; man müßte denn etwa eine Aderlaß,
wozu ich aber bei den Flügelwerk keine Anweisung
geben kann, versuchen wollen. —

2) **Die Krätze oder die Raude.**

Die Quelle dieses Uibels sucht man in dem
Genuße scharfer Sämereien, besonders von der
Wolfsmilch, deren Saamen sie zuweilen freßen,
so wie denn auch im Saufen des unreinen und
faulen Waßers. — Diese Krankheit verursacht,
daß den leidenden Thieren um dem Schnabel und
die Augen herum die Federn ausfallen, und sie das-
selbst kahl und grindig werden. Obwohl sich dieses
Uibel mehrentheils, wenn man sonst die Tauben
nur reines und frisches Waßer saufen läßt, von sich
selbst verliert, so hat man jedoch auch folgendes
Mittel, deßen Wirksamkeit mir aber aus Erfahrung
noch nicht bekannt ist, vorgeschlagen:

Man nehme
 Graues Salz ⅜ Pfund
 Küchensalz eben soviel

Fenchelsaamen
Anis
Kümmel, von jedem gleich viel
vermische dieses alles mit etwas Roggenmehl und
Leimen; darauf koche man dieses Gemische in zwei
Töpfen am Feuer, und streue es, sobald es kalt ge-
worden, in dem Taubenschlage herum. —

3) Die Blattern.

Diese Krankheit, welche sich meistens in den
warmen Hundstagen und in der Ernde einstellt,
und in Blattergeschwüren, welche sich auf der äus-
sern Haut ansetzen, befällt blos die Jungen. Sie
soll ihren Grund theils in der Luft, theils in dem
Geblüte der Tauben haben, welches durch den Genuß des um diese Jahrszeit oft stinkenden und faulen Wassers in eine Gährung und Fäulung gesetzt
werden, und solche durch die eiternde Blattern
auswerfen soll; theils soll sie auch in dem Genuße
der kleinen öligten Sämereien z. B. des Hederichs,
des Rübsaamens u. d. g. gegründet seyn. Ich ver-
muthe aber, sie hat ihre Quellen in dem Genuße
des annoch zu weichen, noch nicht hinlänglich aus-
getrockneten Roggens, den wohl die Alten, nicht
aber die Jungen gehörig verdauen können. Man
thut wohl, wenn man zur Erndtezeit unter das
Was

Waffer, welches man den Tauben etwa auf ihren
Schlag zum Saufen vorsetzt, etwas Spießglaß
thut, welches dann das scharfe Geblüt reiniget.
Daß man in den Gasthöfen zur Erndtezeit, wo
die jungen Tauben wegen der Blattern wohlfeil sind,
indem sie Niemand laufen will, tüchtig mit der«
gleichen Patienten traktirt werde, habe ich mehr»
malen erfahren. —

§. 98.

d) Die Krankheiten der Gänse.

Zu den eigentlichen Gänsekrankheiten zählen
wir folgende:

1) Die Aufstößigkeit.

Beim Eintritte dieser Krankheit, welche ziem»
lich jähe erscheint, hängen die Gänse die Flügel,
wollen nicht fressen und sterben endlich. Man soll
gegen dieses Uebel die Eierschaalen, woraus die
Gänse gekrochen sind, aufbewahren, die kranken
damit räuchern, ihnen Weinkraut in ihr Saufen
legen, und sie bei ihrem sonst gewöhnlichen Futter
lassen, bis sie wieder anfangen, frisch und munter
zu werden.

2) Die

2) Der Durchlauf.

Diese Krankheit hat ihre Quelle theils in vielem Regen, theils in unreinem Getränke und theils auch im Genusse schädlicher Würmer. Um sie zu heilen, stampft man Keime und Zweige von Tannen und Fichten, weicht selbe in Wasser ein, stellt dann dieses den Gänsen zum Saufen vor, und giebt ihnen des Morgens und Abends Spreu mit geschroteter Gerste vor, und streuet die Woche etwa drei bis viermal etwas Toback¢asche auf dieses Futter. —

3) Der Pips oder Zips.

Die Gänse sind eben so, wie die Hühner dieser Krankheit ausgesetzt. Nur nimmt man hier große Pimpinelle, welche auf den Wiesen wächst, siedet sie so lange mit Wasser, bis sie ziemlich weich geworden ist, und setzt ihnen sodann dieses zum Fressen und die Brühe zum Saufen vor. —

4) Das Aufschwellen des lebigen Kropfs.

Wenn die Gänse mit diesem Uibel befallen werden, so füttere man sie mit Brod und Kohlblättern, und gieße einige Tropfen Brandtewein auf das Brod. —

5) Die

5) Die Gänseseuche.

Man hat vorzüglich zweierlei Gänsekrankheiten, die unter diesem Namen bekannt sind. Erstere tritt äußerst selten ein, letztere aber, die auch unter dem Namen Gänsesterben schlechtweg bekannt ist, öfterer. Die erste, welche vorzüglich im Jahre 1780 gewüthet, soll ihre Quelle in dem Mehlthaue, der in diesem Jahre so stark vorhanden war, gehabt haben. Die mit dieser Krankheit befallenen Gänse keichten außerordentlich stark, fingen an zu hinken, und krepirten dann ohne Rettung. Herr v. Stoixner räth folgendes Mittel, von dessen Wirksamkeit er sich selbst überzeugt hat, an. Er sagt: „Eine Wirthin, der schon vorher bei zwanzig Stück Gänse auf diese Art krepirten, kam endlich auf folgenden Einfall. Sie behielt ihre kranken Gänse zu Hauß im Stalle, und gab ihnen eine eingebrennte Suppe, blos von gebrannten Mehl ohne Butter und Schmalz, und gab ihnen dabei geschrotenen Hafer. Anfänglich wollten zwar die Gänse die eingebrannte Suppe nicht fressen, sie wurden aber durch den Durst dazu gezwungen. Nachdem sie dieselbe einige Tage fraßen, so war ihnen dieses Futter sehr angenehm, und sie waren sehr begierig darnach, so, daß sie ganze Kessel voll aufzehrten. Es wurden nicht nur die Gänse, welche noch nicht krank wa-

waren, gesund erhalten, sondern auch alle diejenigen, welche dem Tode schon nahe waren, und schon
wirklich zu krepiren schienen, in Zeit von acht Tagen wieder gesund. Für diese Wahrheit, — sagt
Herr v. Stolzner weiter — stehe ich um so mehr,
als ich selbst ein Augenzeuge davon war". —

Die zweite Art von Gänseseuche, oder das sogenannte Gänsesterben, tritt vorzüglich im Brach-
und Heumonathe ein. Die Gänse hängen da die
Köpfe, fressen nicht und krepiren bald. Man bedient sich folgenden Mittels dagegen. Man giebt
nemlich einer jeden Gans, einen Morgen um den
andern zu drei wiederholten Malen, etwa einen halben Löffelvoll gemeinen Küchensalzes, oder eben
soviel Salzlacke von Pöckelfleisch, wenn man nemlich damit versehen ist. Kranke genesen beim Gebrauche dieses Mittels, und gesunde werden für der
Seuche bewahrt. —

e) Die Krankheiten der Enten.

Die Krankheiten der Enten haben das mehrste
mit jenen der Gänse gemein; es gilt demnach auch
hier größtentheils das, was wir bereits vorher bemerkt haben.

www.ingramcontent.com/pod-product-compliance
Lightning Source LLC
Chambersburg PA
CBHW021503210326
41599CB00012B/1113